随机微分方程导论

高洪俊　石洋洋　乔会杰　编著

科学出版社

北　京

内 容 简 介

本书是一本介绍随机微分方程的基本思想与方法的简明型教材，先在绪论部分引入随机微分方程的基本概念和背景知识，随后在第2章介绍概率论的基本理论. 第 3 章和第 4 章深入探讨了布朗运动、白噪声、随机积分的预备知识、Itô 积分的核心内容 (包括 Itô 公式和乘积公式). 第 5 章系统地阐述了随机微分方程的定义、解的存在唯一性以及解的性质，特别关注了线性随机微分方程的解法. 第 6 章则将理论与实际应用相结合，展示了随机微分方程在金融、物理等多个领域的广泛应用，如期权定价和最优停时问题.

本书可作为数学及工科相关专业的教学用书.

图书在版编目(CIP)数据

随机微分方程导论/高洪俊，石洋洋，乔会杰编著. -- 北京:科学出版社，2025. 6. -- ISBN 978-7-03-082298-7

I. O211.63

中国国家版本馆 CIP 数据核字第 2025X5L326 号

责任编辑：张中兴　梁　清　孙翠勤／责任校对：杨聪敏
责任印制：师艳茹／封面设计：无极书装

科学出版社 出版
北京东黄城根北街 16 号
邮政编码：100717
http://www.sciencep.com
中煤（北京）印务有限公司印刷
科学出版社发行　各地新华书店经销
*
2025 年 6 月第　一　版　开本：720×1000　1/16
2025 年12月第二次印刷　印张：10 3/4
字数：217 000

定价：49.00 元

(如有印装质量问题，我社负责调换)

前　言

在全面落实科教兴国战略背景下, 教育、科技、人才被放到了更加突出的位置. 党的二十大报告强调, “加强基础学科、新兴学科、交叉学科建设”, “加快实现高水平科技自立自强”. 随机微分方程作为现代数学领域的重要分支之一, 对于培养高素质创新型人才具有重要意义.

随机微分方程被广泛用于描述受随机噪声影响的动态系统, 例如在金融数学中用于模拟资产价格波动, 在物理学中刻画量子系统的随机演化, 在工程学中分析受随机扰动的信号, 在生物学中研究种群动态的随机涨落, 以及在气象学中模拟气候系统的随机不确定性. 随机微分方程的核心在于通过引入随机项量化不可预测因素对系统行为的动态影响, 从而为复杂现实问题提供概率意义的建模和框架.

随机微分方程通常被认为是一门研究生水平的课程. 学生需要熟悉概率论、测度理论、常微分方程和偏微分方程的基础知识, 对初学者来说具有一定的难度. 国内外有许多研究生水平和高年级要求比较高的教材, 但用每周两到三个学时简明介绍随机微分方程的基本思想和方法的教材较少.

我们采取 L. C. Evans[1] 的处理方法, 淡化了大多数测度理论问题, 仅仅需要一些基本的性质和事实, 但强调了 σ-代数 “包含信息” 的直观思想; 在简单的情况下 (对于简单的随机变量或阶跃函数) “证明” 了许多公式, 然后说明通过近似, 这些规则、性质适用于一般情况, 而没有给出完整复杂的证明, 但我们试图解释其核心思想. 同时我们尽可能编制一些例题, 以便高年级本科生可以掌握大部分随机微分方程的理论和方法.

作　者

2024 年 10 月

目 录

第 1 章 绪 论

1.1 动机

许多科学领域的系统常常会受到各种类型的环境噪声干扰. 以简单的人口增长模型为例,

$$\begin{cases} \dot{N}(t) = a(t)N(t), \\ N(0) = N_0, \end{cases} \tag{1.1}$$

其中 $\dot{N}(t) := \frac{\mathrm{d}}{\mathrm{d}t}N(t)$, $N(t)$ 表示 t 时刻的人口规模, $a(t)$ 表示相对增长率. 然而, 可能存在一种情况, 即 $a(t)$ 并非完全可知, 而是可能受到某些随机环境因素的影响. 换句话说,

$$a(t) := r(t) + \sigma(t) \text{ “噪声”},$$

从而, 方程 (1.1) 变为

$$\begin{cases} \dot{N}(t) = r(t)N(t) + \sigma(t)N(t) \text{ “噪声”}, \\ N(0) = N_0. \end{cases}$$

从积分形式看

$$N(t) = N_0 + \int_0^t r(s)N(s)\mathrm{d}s + \int_0^t \sigma(s)N(s) \text{ “噪声”}\mathrm{d}s. \tag{1.2}$$

问题是: 对 “噪声” 项, 它在数学上的解释是什么? 而积分中的 $\int_0^t \sigma(s)N(s)$ “噪声”$\mathrm{d}s$ 又是什么?

事实证明, 对于 “噪声” 项, 一个合理的数学解释是所谓的白噪声 $\dot{W}(t)$, 它被形式化地视为 Brown (布朗) 运动 $W(t)$ 的导数, 即 $\dot{W}(t) = \frac{\mathrm{d}}{\mathrm{d}t}W(t)$. 因此, “噪声”$\mathrm{d}t$ 项可以表示为 $\dot{W}(t)\mathrm{d}t = \mathrm{d}W(t)$, 进而

$$\int_0^t \sigma(s)N(s) \text{ “噪声”}\mathrm{d}s = \int_0^t \sigma(s)N(s)\mathrm{d}W(s). \tag{1.3}$$

如果布朗运动 $W(t)$ 是可微的, 那么 (1.3) 右端的积分完全没有问题. 然而, 遗憾的是, 我们在后文中可以看到布朗运动 $W(t)$ 在任何地方都不可导, 因此, 无法以常规方式定义该积分. 另一方面, 如果 $\sigma(t)N(t)$ 是一个具有有限变差的过程, 我们可以通过以下方法来定义积分:

$$\int_0^t \sigma(s)N(s)\mathrm{d}W(s)=\sigma(t)N(t)W(t)-\int_0^t W(s)\mathrm{d}\left[\sigma(s)N(s)\right].$$

然而, 如果 $\sigma(t)N(t)$ 仅仅是连续的, 或者只是可积的, 这个定义就变得没有意义. 为了定义这样一个积分, 我们需要利用布朗运动的随机性质. 这类积分最初是由 K. Itô(伊藤) 在 1949 年定义的, 现在被称为 Itô 随机积分. 具体见第 3 章和第 4 章.

1.2 确定和随机微分方程

固定点 $x_0\in\mathbb{R}^n$, 考虑常微分方程

$$\begin{cases}\dot{\boldsymbol{x}}(t)=\boldsymbol{b}(\boldsymbol{x}(t)), & t>0,\\ \boldsymbol{x}(0)=x_0,\end{cases}\tag{ODE}$$

其中 $\boldsymbol{b}:\mathbb{R}^n\to\mathbb{R}^n$ 是给定的光滑向量场, 方程解的轨迹为 $\boldsymbol{x}(\cdot):[0,\infty)\to\mathbb{R}^n$, 如图 1.1 所示.

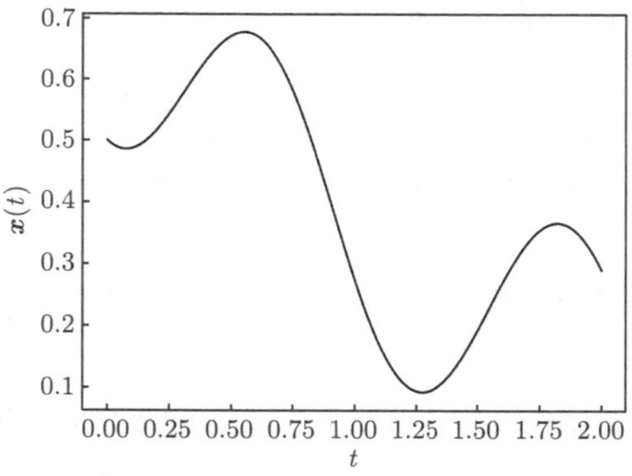

图 1.1 常微分方程 (ODE) 解的轨迹

我们将 $\boldsymbol{x}(t)$ 称为系统在时间 $t\geqslant 0$ 的状态. 当对向量场 $\boldsymbol{b}$ 作出合理假设后, 常微分方程 (ODE) 的解可以被初值条件 x_0 唯一确定.

然而, 在许多应用中, 试验测量的系统轨迹往往与通过 (ODE) 建模所得到的预测并不完全一致: 观测到的状态似乎在某种程度上遵循 (ODE) 所预测的轨迹, 但同时还受到随机扰动的影响.

我们应该适当调整 (ODE), 目的是能在一定程度上排除由随机因素产生的破坏系统的可能性. 一个标准的做法为

$$\begin{cases} \dot{\boldsymbol{X}}(t) = \boldsymbol{b}(\boldsymbol{X}(t)) + \boldsymbol{B}(\boldsymbol{X}(t))\boldsymbol{\xi}(t), \ t > 0, \\ \boldsymbol{X}(0) = x_0, \end{cases} \tag{1.4}$$

其中

$$\boldsymbol{B} : \mathbb{R}^n \to \mathbb{M}^{n\times m} \quad (n \times m \text{ 阶矩阵空间}),$$

$$\boldsymbol{\xi}(\cdot) := m\text{-维的白噪声}.$$

这种方法的使用给我们带来了以下**数学问题:**

- 白噪声 $\boldsymbol{\xi}(\cdot)$ 的精确定义;
- 阐明在解决问题 (1.4) 时, $\boldsymbol{X}(t)$ 的具体意义;
- 证明 (1.4) 有解, 讨论解的唯一性、渐近性以及对 x_0, $\boldsymbol{b}$, $\boldsymbol{B}$ 的依赖性等等.

本书将发展严格的数学理论, 以解决这些问题和其他相关问题.

1.3 随机微分

首先在 $m = n$, $x_0 = 0$, $\boldsymbol{b} \equiv 0, \boldsymbol{B} \equiv I$ 的情况下研究方程 (1.4). 这时, (1.4) 对应的解是 n-维的 Wiener (维纳) 过程 (或称为布朗运动), 记作 $\boldsymbol{W}(\cdot)$, 因此, 象征性地, 可以记

$$\dot{\boldsymbol{W}}(\cdot) = \boldsymbol{\xi}(\cdot), \tag{1.5}$$

这样上述的白噪声就定义为 Wiener 过程的微分.

现在回到方程 (1.4) 的一般形式, 用 $\dfrac{\mathrm{d}}{\mathrm{d}t}$ 代替方程中的 $\cdot$, 我们得到

$$\frac{\mathrm{d}\boldsymbol{X}(t)}{\mathrm{d}t} = \boldsymbol{b}(\boldsymbol{X}(t)) + \boldsymbol{B}(\boldsymbol{X}(t))\frac{\mathrm{d}\boldsymbol{W}(t)}{\mathrm{d}t},$$

两边同乘 “$\mathrm{d}t$”, 方程变为

$$\begin{cases} \mathrm{d}\boldsymbol{X}(t) = \boldsymbol{b}(\boldsymbol{X}(t))\mathrm{d}t + \boldsymbol{B}(\boldsymbol{X}(t))\mathrm{d}\boldsymbol{W}(t), \ t > 0, \\ \boldsymbol{X}(0) = x_0, \end{cases} \tag{SDE}$$

其中项 “$\mathrm{d}\boldsymbol{X}$” 和 “$\boldsymbol{B}\mathrm{d}\boldsymbol{W}$” 被称作**随机微分**, 表达式 (SDE) 被称作**随机微分方程**.

如果有

$$\boldsymbol{X}(t)=x_0+\int_0^t \boldsymbol{b}(\boldsymbol{X}(s))\mathrm{d}s+\int_0^t \boldsymbol{B}(\boldsymbol{X}(s))\mathrm{d}\boldsymbol{W}, \quad \forall\, t>0 \tag{1.6}$$

成立, 则称 $\boldsymbol{X}(t)$ 是随机微分方程 (SDE) 的解. 图 1.2 为随机微分方程 (SDE) 解的轨迹.

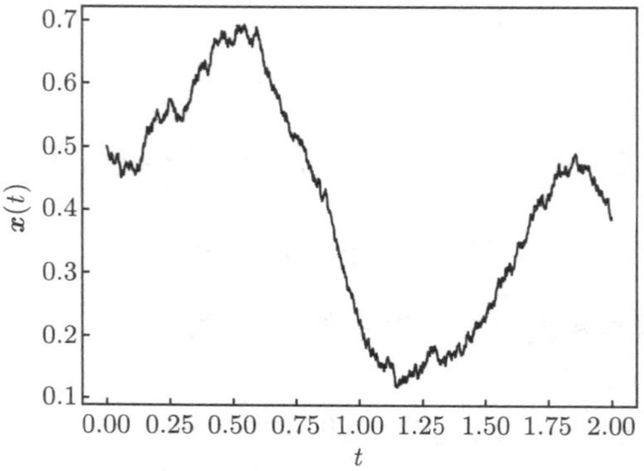

图 1.2 随机微分方程 (SDE) 解的轨迹

为了理解所有这些, 我们必须:

- 构建布朗运动 $\boldsymbol{W}(\cdot)$, 见第 3 章.
- 定义随机积分 $\displaystyle\int_0^t \cdots \mathrm{d}\boldsymbol{W}$, 见第 4 章.
- 证明 (1.6) 有解等等, 见第 5 章.

即使完成了这些的工作, 仍然存在以下**模拟问题**:

- (SDE) 是否真正模拟了对应的物理情况?
- (1.4) 中的 $\boldsymbol{\xi}(\cdot)$ 是 “真的” 白噪声, 还是一些平滑但高度振荡的函数呢? 见第 6 章.

从后面的研究看来, 这些问题是非常微妙的, 不同的答案就可能产生完全不同的 (SDE) 的解. 随机积分中各种不同形式的链式法则给我们的研究带来了一定的困难.

1.4 Itô 链式法则

令 $n=m=1$, $X(\cdot)$ 满足 (SDE)

$$\mathrm{d}X=b(X)\mathrm{d}t+\mathrm{d}W. \tag{1.7}$$

进一步假设 $u:\mathbb{R}\to\mathbb{R}$ 是一给定的光滑函数. 问:

$$Y(t):=u(X(t))\quad(t\geqslant 0)$$

满足怎样的随机微分方程? 按照通常的链式法则来猜测, 从 (1.7), 可以得到

$$\mathrm{d}Y=u'\mathrm{d}X=u'b\mathrm{d}t+u'\mathrm{d}W,$$

这里 $'=\dfrac{\mathrm{d}}{\mathrm{d}x}$.

然而, 这等式是错误的! 事实上, 正如我们之后会看到的, 布朗运动的正则性很低, 以至于在某些意义下有

$$\mathrm{d}W\approx(\mathrm{d}t)^{1/2}. \tag{1.8}$$

因此, 如果我们计算 $\mathrm{d}Y$, 并保留所有有关 $\mathrm{d}t$ 或 $(\mathrm{d}t)^{1/2}$ 项时, 有

$$\begin{aligned}\mathrm{d}Y&=u'\mathrm{d}X+\frac{1}{2}u''(\mathrm{d}X)^2+\cdots\\&=u'(b\mathrm{d}t+\mathrm{d}W)+\frac{1}{2}u''(b\mathrm{d}t+\mathrm{d}W)^2+\cdots\\&=\left(u'b+\frac{1}{2}u''\right)\mathrm{d}t+u'\mathrm{d}W+((\mathrm{d}t)^{\frac{3}{2}}\text{ 的项以及更高阶的项}).\end{aligned}$$

在这里, 我们运用了 “$(\mathrm{d}W)^2=\mathrm{d}t$” 这个事实, 它源自于式 (1.8). 因此, 我们得到

$$\mathrm{d}u(X)=\left(u'b+\frac{1}{2}u''\right)\mathrm{d}t+u'\mathrm{d}W, \tag{1.9}$$

额外的 $\dfrac{1}{2}u''\mathrm{d}t$ 项在普通的积分中是没有的.

这个看起来奇怪的表达式 (1.9) 是 Itô 链式法则的一个实例, 也被称作 **Itô 公式**. 本书的主要目的是为这样的计算提供一个严格的解释, 包括随机微分.

例题 1.1 从 Itô 公式来看, 随机微分方程

$$\begin{cases}\mathrm{d}Y=Y\mathrm{d}W,\\ Y(0)=1\end{cases}$$

的解应该是

$$Y(t):=\mathrm{e}^{W(t)-\frac{t}{2}},$$

而不像人们猜测的: $\hat{Y}(t):=\mathrm{e}^{W(t)}$. □

例题 1.2 令 $P(t)$ 表示一只股票在 $t \geqslant 0$ 时的 (随机的) 价格. $\frac{\mathrm{d}P}{P}$ 表示价格的变化, 遵循以下随机微分方程 (SDE) 的演化

$$\frac{\mathrm{d}P}{P} = \mu \mathrm{d}t + \sigma \mathrm{d}W,$$

其中 $\mu > 0$, σ 均为固定的常数, 分别称为股票的预期回报率和股票价格的波动率. 换而言之,

$$\begin{cases} \mathrm{d}P = \mu P \mathrm{d}t + \sigma P \mathrm{d}W, \\ P(0) = p_0, \end{cases}$$

其中 p_0 为起始价格. 再次应用 Itô 公式, 我们得到的解为

$$P(t) = p_0 \mathrm{e}^{\sigma W(t) + (\mu - \frac{\sigma^2}{2})t}.$$

图 1.3 为股价走势. □

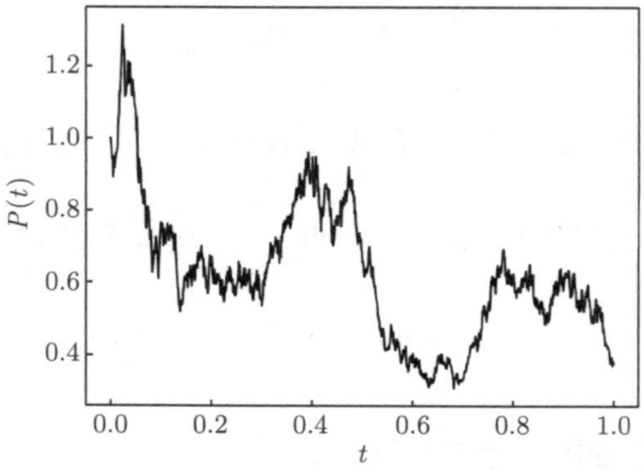

图 1.3 股价走势

第 1 章练习

1. 用第 1章讨论的 Itô 公式的形式化处理来证明

$$Y(t) := \mathrm{e}^{W(t) - \frac{t}{2}}$$

是随机微分方程

$$\begin{cases} \mathrm{d}Y = Y \mathrm{d}W, \\ Y(0) = 1 \end{cases}$$

的解. (提示: 如果 $X(t) := W(t) - \frac{t}{2}$, 则 $\mathrm{d}X = -\frac{\mathrm{d}t}{2} + \mathrm{d}W$.)

2. 证明

$$P(t) = p_0 \mathrm{e}^{\sigma W(t) + \left(\mu - \frac{\sigma^2}{2}\right)t}$$

是

$$\begin{cases} \mathrm{d}P = \mu P \mathrm{d}t + \sigma P \mathrm{d}W, \\ P(0) = p_0 \end{cases}$$

的解.

第 2 章　概率论中的基本理论

内容提要

- ❑ 基本定义
- ❑ 数学期望、方差
- ❑ 分布函数
- ❑ 独立性
- ❑ Borel-Cantelli 引理
- ❑ 特征函数
- ❑ 强大数定律、中心极限定理
- ❑ 条件期望
- ❑ 鞅

上一章所提到的布朗运动、随机过程、随机积分和随机微分方程都以概率论作为其基础理论框架. 因此, 这一章我们简要介绍概率理论中的测度论基础. 更详细的内容读者可以参考文献 [2–5].

2.1　基本定义

我们从一个悖论来展开本节内容.

2.1.1　Bertrand 悖论

在平面上画一半径为 2 英寸[①]的圆, 并随机地选择它的一条弦. 问这条弦穿过与该圆同心且半径为 1 英寸的圆的概率是多少?

解法 1　任意的一条弦都由它的中点的位置唯一确定 (假定它不经过圆心, 图 2.1).

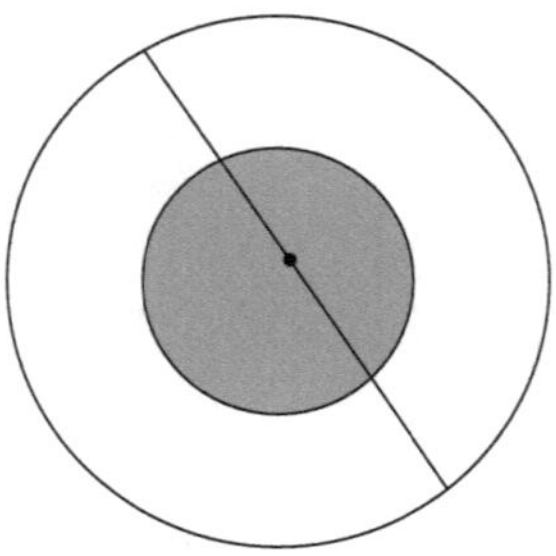

图 2.1

① 1 英寸 ≈ 0.0254 米.

因此,

$$\text{穿过里面圆的概率} = \frac{\text{里面圆的面积}}{\text{大圆的面积}} = \frac{1}{4}. \qquad \square$$

解法 2 由旋转的对称性, 我们假设该弦是竖直的. 大圆的直径为 4 英寸, 这样如果弦落在直径为 2 英寸的圆内的话, 将碰到小圆 (图 2.2).

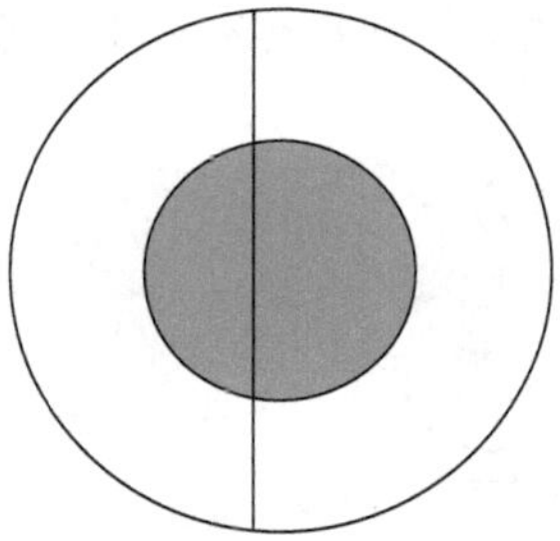

图 2.2

因此,

$$\text{穿过里面圆的概率} = \frac{2}{4} = \frac{1}{2}. \qquad \square$$

解法 3 由对称性, 我们假设弦的一端落在大圆的左边的一点. 弦与水平线的夹角 θ 满足 $-\frac{\pi}{2} < \theta < \frac{\pi}{2}$, 当 $\theta = \pm\frac{\pi}{6}$ 时, 弦碰到内圆 (图 2.3).

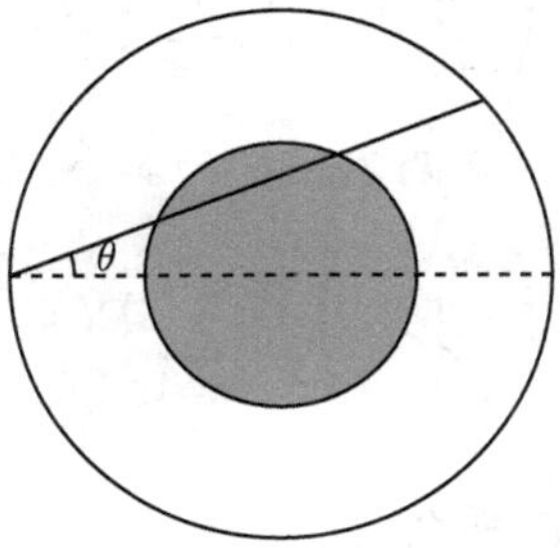

图 2.3

因此,

$$\text{穿过里面圆的概率} = \frac{2\pi}{6}\Big/\frac{2\pi}{2} = \frac{1}{3}. \qquad \square$$

2.1.2 概率空间

Bertrand 悖论告诉我们在定义“随机”时必须谨慎. 正确的做法是引进准确的数学结构“概率空间”.

我们从一个非空集合 Ω 开始, 并在接下来的内容中将它的某些子集解释为“事件”.

定义 2.1

Ω 的某些子集组成的集合族 $\mathcal{U}$, 如果具有以下性质:

(1) $\varnothing, \Omega \in \mathcal{U}$;

(2) 若 $A \in \mathcal{U}$, 则 $A^c \in \mathcal{U}$;

(3) 若 $A_1, A_2, \cdots \in \mathcal{U}$, 则

$$\bigcup_{k=1}^{\infty} A_k, \ \bigcap_{k=1}^{\infty} A_k \in \mathcal{U}.$$

则称 $\mathcal{U}$ 为 Ω 上的一个 σ-代数. ♣

这里 $A^c := \Omega - A$ 表示 A 的补集.

定义 2.2

令 $\mathcal{U}$ 是 Ω 的一个 σ-代数, 我们称 $P : \mathcal{U} \to [0,1]$ 是一个概率测度, 如果

(1) $P(\varnothing) = 0, \ P(\Omega) = 1$;

(2) 如果 $A_1, A_2, \cdots \in \mathcal{U}$, 则

$$P\left(\bigcup_{k=1}^{\infty} A_k\right) \leqslant \sum_{k=1}^{\infty} P(A_k); \tag{2.1}$$

(3) 如果 $A_1, A_2, \cdots$ 是 $\mathcal{U}$ 中两两不相交的集合, 则

$$P\left(\bigcup_{k=1}^{\infty} A_k\right) = \sum_{k=1}^{\infty} P(A_k). \tag{2.2}$$

♣

这意味着, 如果 $A, B \in \mathcal{U}$, 那么

$$A \subseteq B \Longrightarrow P(A) \leqslant P(B). \tag{2.3}$$

定义 2.3

我们称三元对 $(\Omega, \mathcal{U}, P)$ 是一个概率空间, 其中 Ω 是非空集合, $\mathcal{U}$ 是 Ω 的一个 σ-代数, P 是 $\mathcal{U}$ 上的概率测度. ♣

注 (1) 集合 $A \in \mathcal{U}$ 称为一个**事件**, 点 $\omega \in \Omega$ 称为一个**样本点**;

(2) $P(A)$ 表示事件 A 发生的**概率**;

(3) 我们称除了零概率事件都为真的特性为**几乎必然** (缩写为 "a.s."). □

概率空间是处理概率问题的基本框架. 也就是说, 当我们试图解决随机问题时, 首先必须仔细确定适当的概率空间 $(\Omega, \mathcal{U}, P)$. 上文讨论的 Bertrand 悖论中, 三个 "解决方案" 表达了对 "随机" 一词的三种不同解释, 即, 三种不同的 $(\Omega, \mathcal{U}, P)$.

例题 2.1 令 $\Omega = \{\omega_1, \omega_2, \cdots, \omega_N\}$ 为一有限集, 假设给定的一组数 $0 \leqslant p_j \leqslant 1, j = 1, \cdots, N$, 满足 $\sum p_j = 1$. 我们将 $\mathcal{U}$ 定义为包括 Ω 所有子集的集合. 对每个集合 $A = \{\omega_{j_1}, \omega_{j_2}, \cdots, \omega_{j_m}\} \in \mathcal{U}$, 此时定义 $P(A) := p_{j_1} + p_{j_2} + \cdots + p_{j_m}$, 则 $(\Omega, \mathcal{U}, P)$ 形成一个概率空间. □

例题 2.2 包括 $\mathbb{R}^n$ 所有开子集的最小的 σ-代数称为 **Borel (博雷尔) σ-代数**, 记作 $\mathcal{B}$. 假设 f 是一非负可积的函数满足 $\int_{\mathbb{R}^n} f \mathrm{d}x = 1$. 对于任意的 $B \in \mathcal{B}$, 定义

$$P(B) := \int_B f(x) \mathrm{d}x,$$

则 $(\mathbb{R}^n, \mathcal{B}, P)$ 是一个概率空间, 并称 f 为概率测度 P 的**密度函数**. □

例题 2.3 假设固定点 $z \in \mathbb{R}^n$, 对任意的集合 $B \in \mathcal{B}$, 定义

$$P(B) = \begin{cases} 1, & z \in B, \\ 0, & z \notin B, \end{cases}$$

则 $(\mathbb{R}^n, \mathcal{B}, P)$ 是一个概率空间, 称 P 为在点 z 处的 δ **点测度**, 记作

$$P = \delta_z.$$ □

例题 2.4 设 $\Omega = \{1, 2, 3, \cdots\}, \mathcal{U} = \{A \subset \Omega : \#(A) < \infty \text{ 或 } \#(A^c) < \infty\}$, 其中 $\#(\cdot)$ 表示集合的元素个数. 令

$$P(A) = \begin{cases} 0, & \#(A) < \infty, \\ \infty, & \#(A^c) < \infty, \end{cases}$$

则 $\mathcal{U}$ 具有有限可加性但无可列可加性 (即条件 (2.2)), 因而不是概率测度. □

例题 2.5 (Buffon(蒲丰) 投针问题) 如图 2.4 所示, 平面上有平行且相距 2 英寸的直线, 一根长为一英寸的针随机落在该平面上, 问: 这根针碰到其中一条平行线的概率是多少?

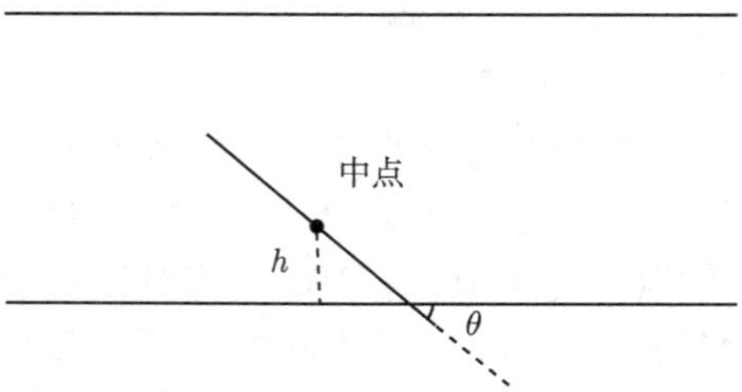

图 2.4

首先, 应解决的问题是确定适当的概率空间 $(\Omega,\mathcal{U},P)$. 为此, 令

$$\begin{cases} h\text{为针的中点到最近的线的距离}, \\ \theta\text{为针与水平线成的角度} \left(\theta \leqslant \dfrac{\pi}{2}\right). \end{cases}$$

这样针的位置就被确定下来, 对于概率空间, 我们令

$$\Omega = \underbrace{\left[0, \frac{\pi}{2}\right)}_{\theta} \times \underbrace{[0, 1]}_{h},$$

$\mathcal{U}$ 为 Ω 的 Borel σ-代数, 以及

$$P(B) = \frac{2S_B}{\pi}, \quad \forall B \in \mathcal{U} \quad (S_B \text{ 表示 } B \text{ 的面积}).$$

记事件 A 为针碰到水平线的概率. 可以验证, 如果 $\dfrac{h}{\sin\theta} \leqslant \dfrac{1}{2}$, 则事件 A 发生. 因此, $A = \left\{(\theta, h) \in \Omega \,\middle|\, h \leqslant \dfrac{\sin\theta}{2}\right\}$, 且

$$P(A) = \frac{2S_A}{\pi} = \frac{2}{\pi}\int_0^{\frac{\pi}{2}} \frac{1}{2}\sin\theta \mathrm{d}\theta = \frac{1}{\pi}. \qquad \square$$

2.1.3 随机变量

我们把概率空间想象成基本的数学结构时, 它仍然是不可 “直接观察的”. 因此, 我们引入映射 $X:\Omega \to \mathbb{R}^n$, 这样我们可以观察到映射后的取值.

回顾前面的例题 2.2, 令 $\mathcal{B}$ 表示 $\mathbb{R}^n$ 的 Borel 子集的全体, 而它也是包含了所有 $\mathbb{R}^n$ 开子集的最小的 σ-代数. 因此, 我们可以认为 $\mathcal{B}$ 包含了 $\mathbb{R}^n$ 的所有 “具有良好性质的” 子集.

定义 2.4

令 $(\Omega,\mathcal{U},P)$ 为一概率空间, 映射

$$X:\Omega\to\mathbb{R}^n$$

称为一个 n-维的随机变量, 如果 $\forall\ B\in\mathcal{B}$, 有

$$X^{-1}(B)\in\mathcal{U}$$

成立. 通常称 X 是 $\mathcal{U}$-可测的. ♣

注 (1) 映射通常记为 X 而不是 $X(\omega)$, 这只是概率论中的一种习惯性的记法, 并不表示随机变量不依赖于样本点 $\omega\in\Omega$;

(2) 我们把 $P(X^{-1}(B))$ 记为 $P(X\in B)$, 表示 X 在 B 内取值的概率;

(3) 我们通常用大写字母来表示随机变量, 黑体字表示向量映射. □

例题 2.6 令 $A\in\mathcal{U}$, 则 A 的指示函数

$$\mathcal{X}_A(\omega):=\begin{cases}1, & \omega\in A,\\ 0, & \omega\notin A\end{cases}$$

为一个随机变量. □

例题 2.7 更一般地, 如果 $A_1,A_2,A_3,\cdots,A_m\in\mathcal{U}$, 且 $\bigcup_{i=1}^m A_i=\Omega$, $a_1,a_2,\cdots,a_m$ 是实数, 则

$$X=\sum_{i=1}^m a_i\mathcal{X}_{A_i}$$

是一个随机变量, 称为**简单函数**. □

我们还将在下文中运用随机变量的各种性质, 如, 随机变量的和、积仍是随机变量, 这里不再佐证了, 可以参考 [5,6].

引理 2.1

令 $X:\Omega\to\mathbb{R}^n$ 是一个随机变量, 则

$$\mathcal{U}(X):=\{X^{-1}(B)|B\in\mathcal{B}\}$$

是一个 σ-代数, 且称为由 X 生成的 σ-代数. ♡

$\mathcal{U}(X)$ 是保证 X 是可测的 σ-代数中最小的.

证明 我们只需验证 $\{X^{-1}(B)|B\in\mathcal{B}\}$ 是一个 σ-代数即可, 因为对于可测的 X, $\mathcal{U}(X)$ 显然是最小的 σ-代数. □

例题 2.8 设集合 Ω 为同时掷三枚相同的硬币所出现的正反面情况的全体，用 H 表示 "正面", T 表示 "反面". 则

$$\Omega = \{HHH, HHT, HTH, HTT, THH, THT, TTH, TTT\},$$

给定一随机变量 $X(\omega)$, 且满足

$$\begin{cases} X(HHH) = X(HHT) = 10, \\ X(HTH) = X(HTT) = X(THH) = X(THT) = 5, \\ X(TTH) = X(TTT) = 2, \end{cases}$$

则有

$$\begin{cases} X^{-1}(\varnothing) = \varnothing, X^{-1}(\mathbb{R}) = \Omega, \\ X^{-1}(\{10\}) = \{HHH, HHT\}, \\ X^{-1}(\{5\}) = \{HTH, HTT, THH, THT\}, \\ X^{-1}(\{2\}) = \{TTH, TTT\}. \end{cases}$$

根据引理 2.1, $\mathcal{U}(X)$ 中的元素为 $\varnothing$, Ω, $\{HHH, HHT\}$, $\{HTH, HTT, THH, THT\}$, $\{TTH, TTT\}$, 以及这些集合的并集和补集. □

注 比较重要的是, 在概率术语中, σ-代数 $\mathcal{U}(X)$ 可以被解释为: "包含了随机变量 X 的所有相关的信息" 的量.

特别地, 如果随机变量 Y 是 X 的函数, 即, 如果存在适当的函数 Φ, 使得

$$Y = \Phi(X),$$

那么 Y 是 $\mathcal{U}(X)$-可测的.

反之, 如果 $Y : \Omega \to \mathbb{R}$ 是 $\mathcal{U}(X)$-可测的, 则必存在一函数 Φ, 使得

$$Y = \Phi(X).$$

因此, 如果 Y 是 $\mathcal{U}(X)$-可测的, Y 实际上是 X 的一个函数. 相应地, 如果知道了 $X(\omega)$ 的值, 原则上也就知道了 $Y(\omega) = \Phi(X(\omega))$ 的值, 尽管没有实际的办法构造出 Φ. □

2.1.4 随机过程

接下来, 我们介绍依赖于时间的随机变量.

定义 2.5

(1) 一个随机变量的集合 $\{X(t) \mid t \geqslant 0\}$ 称为一个随机过程.

(2) 对于每一点 $\omega \in \Omega$, 映射 $t \longmapsto X(t, \omega)$ 称为相应的样本路径. ♣

上述定义可以理解为: 如果我们在进行一场随机试验时, 观察 $X(\cdot)$ 随时间变化而变化的随机值, 我们实际上看到的是, 对某些固定的 $\omega \in \Omega$ 下的样本路径 $X(t,\omega)$ $(t \geqslant 0)$. 如果我们重新进行试验, 通常会观察到不同的样本路径 (图 2.5).

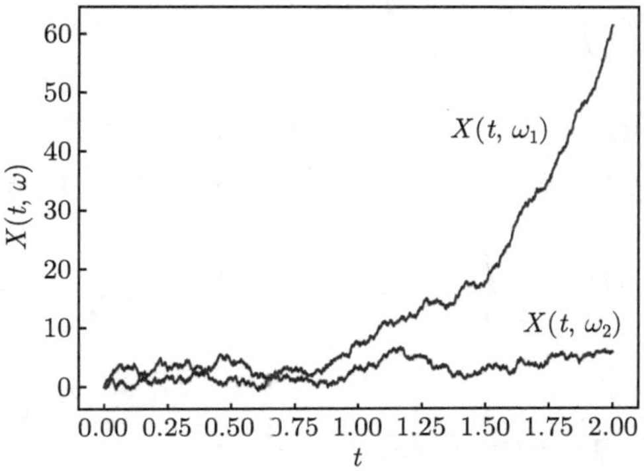

图 2.5 随机过程的两条连续样本路径

注 许多书中用 "X_t" 来表示一个与变量 t 有关的随机过程. 然而, 在本书中我们将用下标表示偏导数. □

例题 2.9 (布朗运动) 英国植物学家布朗注意到漂浮在液体表面的微小花粉颗粒会不断地进行无规则的运动, 它是各分子间的大量的随机碰撞所产生的结果. 该运动即为在下一章要介绍的布朗运动 $W(t)$, 它是一个随机过程. □

例题 2.10 (排队模型) 顾客来到服务站需要服务, 但顾客较多, 需要排队. 顾客的到来和每个顾客所需的服务时间是随机的, 若用 $X(t)$ 表示 t 时刻排队的长度, $Y(t)$ 表示 t 时刻到来的顾客所要等待的时间, 则 $\{X(t), t \geqslant 0\}$ 和 $\{Y(t), t \geqslant 0\}$ 均是随机过程. □

2.2 数学期望、方差

令 $(\Omega, \mathcal{U}, P)$ 为一个概率空间, $X = \sum_{i=1}^{k} a_i \mathcal{X}_{A_i}$ 是一个实值的简单随机变量, 定义 X 的测度积分为

$$\int_{\Omega} X \mathrm{d}P := \sum_{i=1}^{k} a_i P(A_i).$$

紧接着, 如果 X 是一非负的随机变量, 我们定义

$$\int_{\Omega} X \mathrm{d}P := \sup_{Y} \left\{ \int_{\Omega} Y \mathrm{d}P; Y \text{为非负简单随机变量, 且 } Y \leqslant X \right\}.$$

最后, 如果 $X:\Omega\to\mathbb{R}$ 是一般的随机变量, 假设 $\int_\Omega X^+\mathrm{d}P$, $\int_\Omega X^-\mathrm{d}P$ 中至少有一个有界, 我们定义

$$\int_\Omega X\mathrm{d}P := \int_\Omega X^+\mathrm{d}P - \int_\Omega X^-\mathrm{d}P,$$

其中 $X^+ := \max(X,0)$, $X^- := \max(-X,0)$, 使得 $X = X^+ - X^-$.

注 假设 $\boldsymbol{X}=(X^1,X^2,\cdots,X^n):\Omega\to\mathbb{R}^n$ 是一个向量值随机变量, 则记

$$\int_\Omega \boldsymbol{X}\mathrm{d}P = \left(\int_\Omega X^1\mathrm{d}P, \int_\Omega X^2\mathrm{d}P, \cdots, \int_\Omega X^n\mathrm{d}P\right).$$ □

定义 2.6

假设 $\boldsymbol{X}:\Omega\to\mathbb{R}^n$ 为一个向量值随机变量, 称

$$E(\boldsymbol{X}) := \int_\Omega \boldsymbol{X}\mathrm{d}P \tag{2.4}$$

为 $\boldsymbol{X}$ 的数学期望 (或均值).

称

$$V(\boldsymbol{X}) := \int_\Omega |\boldsymbol{X}-E(\boldsymbol{X})|^2\mathrm{d}P \tag{2.5}$$

为 $\boldsymbol{X}$ 的方差, 其中 $|\cdot|$ 表示欧氏范数, 且有

$$V(\boldsymbol{X}) = E(|\boldsymbol{X}-E(\boldsymbol{X})|^2) = E(|\boldsymbol{X}|^2) - |E(\boldsymbol{X})|^2. \tag{2.6}$$

♣

引理 2.2 (Chebyshev (切比雪夫) 不等式)

令 $\boldsymbol{X}:\Omega\to\mathbb{R}^n$ 为一个向量值随机变量, 对任意的 $1\leqslant p<\infty$ 和 $\lambda>0$, 有

$$P(|\boldsymbol{X}|\geqslant\lambda) \leqslant \frac{1}{\lambda^p}E(|\boldsymbol{X}|^p).$$

♡

证明 容易计算

$$E(|\boldsymbol{X}|^p) = \int_\Omega |\boldsymbol{X}|^p\mathrm{d}P \geqslant \int_{\{|\boldsymbol{X}|\geqslant\lambda\}} |\boldsymbol{X}|^p\mathrm{d}P \geqslant \lambda^p P(|\boldsymbol{X}|\geqslant\lambda).$$ □

2.3 分布函数

令 $(\Omega, \mathcal{U}, P)$ 为一个概率空间, $\boldsymbol{X}: \Omega \to \mathbb{R}^n$ 为一个随机向量, 如图 2.6 所示.

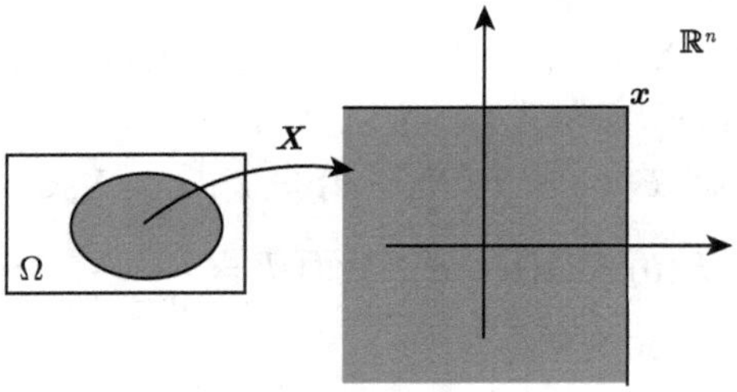

图 2.6

注 令 $\boldsymbol{x} = (x_1, x_2, \cdots, x_n) \in \mathbb{R}^n$, $\boldsymbol{y} = (y_1, y_2, \cdots, y_n) \in \mathbb{R}^n$, 则

$$\boldsymbol{x} \leqslant \boldsymbol{y} \Leftrightarrow x_i \leqslant y_i, \quad i = 1, 2, \cdots, n.$$ □

定义 2.7

(1) $\boldsymbol{X}$ 的分布函数 $F_{\boldsymbol{X}}: \mathbb{R}^n \to [0,1]$, 定义为

$$F_{\boldsymbol{X}}(\boldsymbol{x}) := P(\boldsymbol{X} \leqslant \boldsymbol{x}), \quad \boldsymbol{x} \in \mathbb{R}^n.$$

(2) 更一般地, 令 $\boldsymbol{X}_1, \boldsymbol{X}_2, \cdots, \boldsymbol{X}_m: \Omega \to \mathbb{R}^n$ 是 m 个向量值随机变量, 它们的联合分布函数是 $F_{\boldsymbol{X}_1,\cdots,\boldsymbol{X}_m}: (\mathbb{R}^n)^m \to [0,1]$, 定义为对于 $\forall \boldsymbol{x}_i \in \mathbb{R}^n$, $i = 1, 2, \cdots, m$, 有

$$F_{\boldsymbol{X}_1,\cdots,\boldsymbol{X}_m}(\boldsymbol{x}_1, \cdots, \boldsymbol{x}_m) := P(\boldsymbol{X}_1 \leqslant \boldsymbol{x}_1, \cdots, \boldsymbol{X}_m \leqslant \boldsymbol{x}_m).$$ ♣

定义 2.8

设 $\boldsymbol{X}: \Omega \to \mathbb{R}^n$ 是一个随机向量, 且 $F = F_{\boldsymbol{X}}$ 是它的分布函数. 如果存在一非负可积的函数 $f: \mathbb{R}^n \to \mathbb{R}$, 满足

$$F(\boldsymbol{x}) = F(x_1, \cdots, x_n) = \int_{-\infty}^{x_1} \cdots \int_{-\infty}^{x_n} f(y_1, \cdots, y_n) \mathrm{d}y_n \cdots \mathrm{d}y_1, \qquad (2.7)$$

则称 f 为 $\boldsymbol{X}$ 的密度函数. ♣

由此可得

$$P(\boldsymbol{X} \in B) = \int_B f(\boldsymbol{x}) \mathrm{d}\boldsymbol{x}, \quad \forall B \in \mathcal{B}. \qquad (2.8)$$

这个公式很重要, 因为右边的表达式是一个普通的积分, 通常可以明确计算.

例题 2.11 (均匀分布) 向区间 (a,b) 上任意投点, 令 X 表示点的坐标. 设点落在 (a,b) 中任一小区间的概率与小区间的长度成正比, 而与小区间的位置无关.

记 X 的分布函数为 $F(x)$, 则

当 $x<a$ 时, 显然 $\{X\leqslant x\}$ 是不可能发生的, 所以 $F(x)=P(X\leqslant x)=0$;

当 $x\geqslant b$ 时, $\{X\leqslant x\}$ 必然发生, 所以 $F(x)=P(X\leqslant x)=1$;

当 $a\leqslant x<b$ 时, 有 $F(x)=P(X\leqslant x)=P(a\leqslant X\leqslant x)=k(x-a)$, 其中 k 为比例系数. 由于 $1=F(b)=k(b-a)$, 从而 $k=\dfrac{1}{b-a}$.

综上得到

$$F(x)=\begin{cases}0, & x<a,\\ \dfrac{x-a}{b-a}, & a\leqslant x<b,\\ 1, & x\geqslant b.\end{cases}$$

从而密度函数为

$$f(x)=\begin{cases}\dfrac{1}{b-a}, & a\leqslant x<b,\\ 0, & \text{其他}.\end{cases}$$

我们称 X 服从 (a,b) 上的**均匀分布**, 也称 X 是 $U(a,b)$ 的随机变量. □

例题 2.12 (正态分布) 如果 $X:\Omega\to\mathbb{R}$ 是一个随机变量, 且密度函数为

$$f(x)=\frac{1}{\sqrt{2\pi}\sigma}\mathrm{e}^{-\frac{(x-m)^2}{2\sigma^2}},\quad x\in\mathbb{R},$$

则称 X 服从正态分布, 其 $E(X)=m$, $V(X)=\sigma^2$. 此时, 称 X 是一个 $N(m,\sigma^2)$ 随机变量.

正态分布的密度函数如图 2.7 所示. □

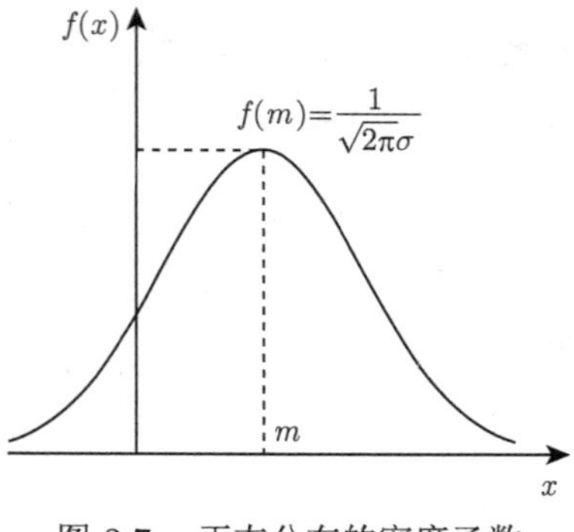

图 2.7 正态分布的密度函数

例题 2.13 (n 维正态分布) 如果 $\boldsymbol{X}:\Omega\to\mathbb{R}^n$ 是一个随机向量, 密度函数为

$$f(\boldsymbol{x})=\frac{1}{((2\pi)^n\det\boldsymbol{C})^{1/2}}\mathrm{e}^{-\frac{1}{2}(\boldsymbol{x}-\boldsymbol{m})\cdot\boldsymbol{C}^{-1}(\boldsymbol{x}-\boldsymbol{m})},\quad \boldsymbol{x}\in\mathbb{R}^n,$$

其中 $\boldsymbol{m}\in\mathbb{R}^n$, $\boldsymbol{C}$ 是正定的对称矩阵. 称此时, $\boldsymbol{X}$ 服从 n 维正态分布, 期望 $E(\boldsymbol{X})=\boldsymbol{m}$, 协方差矩阵 $V(\boldsymbol{X})=\boldsymbol{C}$. 称 $\boldsymbol{X}$ 是一个 $N(\boldsymbol{m},\boldsymbol{C})$ 随机向量. □

引理 2.3

令 $\boldsymbol{X}:\Omega\to\mathbb{R}^n$ 是一个随机向量, 且它的密度函数为 $f(\boldsymbol{x})$. 假设 $g:\mathbb{R}^n\to\mathbb{R}$ 为可积函数, 则

$$E(g(\boldsymbol{X}))=\int_{\mathbb{R}^n}g(\boldsymbol{x})f(\boldsymbol{x})\mathrm{d}\boldsymbol{x}. \tag{2.9}$$

特别地,

$$E(\boldsymbol{X})=\int_{\mathbb{R}^n}\boldsymbol{x}f(\boldsymbol{x})\mathrm{d}\boldsymbol{x},\quad V(\boldsymbol{X})=\int_{\mathbb{R}^n}|\boldsymbol{x}-E(\boldsymbol{X})|^2f(\boldsymbol{x})\mathrm{d}\boldsymbol{x}. \tag{2.10}$$

♡

注 由引理 2.3, 可以通过 $\mathbb{R}^n$ 上的积分计算 $E(\boldsymbol{X})$, $V(\boldsymbol{X})$ 等等. 这是一个很重要的结论, 因为如前所述, 概率空间 $(\Omega,\mathcal{U},P)$ 是 "不可观察的", 我们能 "看到" 的是 $\boldsymbol{X}$ 在 $\mathbb{R}^n$ 中的取值.

事实上, 所有概率论中有意义的量都可以通过密度函数 f 在 $\mathbb{R}^n$ 中计算出来. □

证明 首先, 假设 g 是 $\mathbb{R}^n$ 中的一个简单函数:

$$g=\sum_{i=1}^m b_i\mathcal{X}_{B_i},\quad B_i\in\mathcal{B},$$

则

$$E(g(\boldsymbol{X}))=\sum_{i=1}^m b_i\int_\Omega \mathcal{X}_{B_i}(\boldsymbol{X})\mathrm{d}P=\sum_{i=1}^m b_iP(\boldsymbol{X}\in B_i).$$

但是, 结合 (2.8) 又有

$$\int_{\mathbb{R}^n}g(\boldsymbol{x})f(\boldsymbol{x})\mathrm{d}\boldsymbol{x}=\sum_{i=1}^m b_i\int_{B_i}f(\boldsymbol{x})\mathrm{d}\boldsymbol{x}=\sum_{i=1}^m b_iP(\boldsymbol{X}\in B_i).$$

由此可知, 上面等式对所有简单函数 g 都成立, 根据 2.2.1 小节随机积分的定义, 可以得到, 对一切的函数 g, (2.9) 都成立. □

例题 2.14 如果 X 是 $N(0,\sigma^2)$ 随机变量, 则

$$E(X^k) = \frac{1}{\sqrt{2\pi\sigma^2}} \int_{-\infty}^{+\infty} x^k \mathrm{e}^{-\frac{x^2}{2\sigma^2}} \mathrm{d}x = \frac{\sigma^k}{\sqrt{2\pi}} \int_{-\infty}^{+\infty} u^k \mathrm{e}^{-\frac{u^2}{2}} \mathrm{d}u.$$

当 k 为奇数时, 上述被积函数为奇函数, 从而

$$E(X^k) = 0, \quad k = 1, 3, 5, \cdots,$$

当 k 为偶数时, 上述被积函数为偶函数, 做变换 $z = u^2/2$, 可得

$$\begin{aligned} E(X^k) &= \sqrt{\frac{2}{\pi}} \sigma^k 2^{(k-1)/2} \int_0^{+\infty} z^{(k-1)/2} \mathrm{e}^{-z} \mathrm{d}z = \sqrt{\frac{2}{\pi}} \sigma^k 2^{(k-1)/2} \Gamma\left(\frac{k+1}{2}\right) \\ &= \sigma^k (k-1)(k-3)\cdots 1, \quad k = 2, 4, 6, \cdots. \end{aligned}$$

因此

$$E(X) = 0, \quad E(X^2) = \sigma^2, \quad E(X^3) = 0, \quad E(X^4) = 3\sigma^4, \quad \cdots. \qquad \square$$

2.4 独立性

2.4.1 条件概率

令 $(\Omega, \mathcal{U}, P)$ 是一个概率空间, $A, B \in \mathcal{U}$ 是两个事件, 且满足 $P(B) > 0$, 如图 2.8. 我们期望找到 $P(A \mid B)$ 的适当数学定义, 即在 B 发生的情况下, A 发生的概率. 可以这样思考: 假设随机选取 $\omega \in \Omega$, 并且告诉我们 $\omega \in B$, 这时 $\omega \in A$ 的概率是多少?

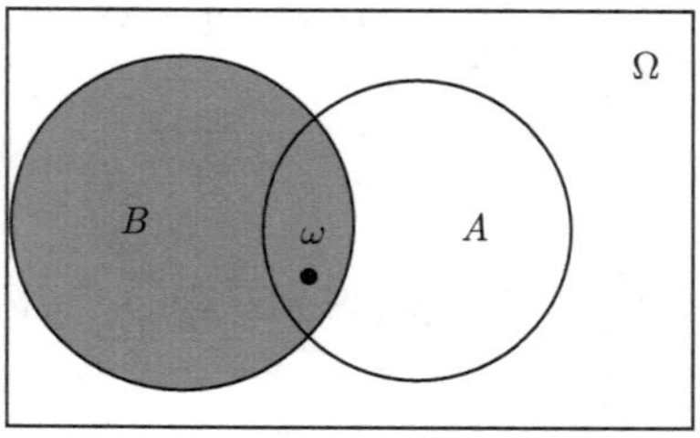

图 2.8

由于已知 $\omega \in B$, 我们可以将 B 看成一个新的概率空间. 因此, 我们可以定义 $\bar{\Omega} := B$, $\bar{\mathcal{U}} := \{C \cap B \mid C \in \mathcal{U}\}$, 且 $\bar{P} := \dfrac{P}{P(B)}$, 这样就有 $\bar{P}(\bar{\Omega}) = 1$. 然后, $\omega \in A$ 的概率可以表示为 $\bar{P}(A \cap B) = \dfrac{P(A \cap B)}{P(B)}$.

定义 2.9

如果 $P(B)>0$, 则记

$$P(A\mid B):=\frac{P(A\cap B)}{P(B)} \tag{2.11}$$

表示在事件 B 发生的条件下, 事件 A 发生的条件概率. ♣

例题 2.15 设样本空间 Ω 中含有 25 个等可能的样本点, 事件 A 含有 15 个样本点, 事件 B 含有 7 个样本点, 交事件 $A\cap B$ 含有 5 个样本点, 如图 2.9 所示, 这时有

$$P(A)=\frac{15}{25},\quad P(B)=\frac{7}{25},\quad P(A\cap B)=\frac{5}{25},$$

则在已知事件 B 发生的条件下, 事件 A 发生的概率为

$$P(A\mid B)=\frac{P(A\cap B)}{P(B)}=\frac{5/25}{7/25}=\frac{5}{7}.$$ □

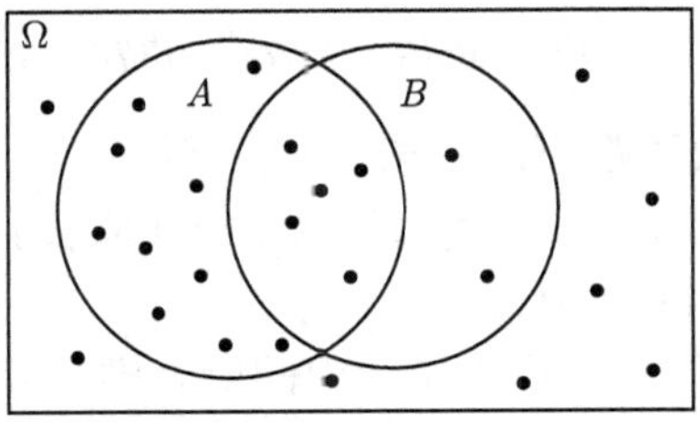

图 2.9

2.4.2 独立事件

现在, 我们考虑 “A,B 两者独立的情况”. 这时, B 事件发生与否与 A 事件的发生完全无关, 因此, $P(A\mid B)=P(A)$. 从而

$$P(A)=P(A\mid B)=\frac{P(A\cap B)}{P(B)},$$

且当 $P(B)>0$ 时, 有

$$P(A\cap B)=P(A)P(B).$$

如果 $P(B)=0$, 我们也可以采用上述定义.

定义 2.10

我们称 A, B 两个事件独立, 如果

$$P(A \cap B) = P(A)P(B).$$

♣

这个概念及其相关的概念是概率论的核心特征. 为了进一步理解, 读者可以验证如果 A, B 独立, 那么 A^c 与 B, A 与 B^c, A^c 与 B^c 也独立.

定义 2.11

令 $A_1, \cdots, A_n, \cdots$ 为事件序列. 如果从中任取 m 个事件 $A_{k_1}, A_{k_2}, \cdots, A_{k_m}$, $1 \leqslant k_1 \leqslant k_2 \leqslant \cdots \leqslant k_m$ 都有

$$P(A_{k_1} \cap A_{k_2} \cap \cdots \cap A_{k_m}) = P(A_{k_1})P(A_{k_2}) \cdots P(A_{k_m}),$$

则称事件序列 $A_1, \cdots, A_n, \cdots$ 相互独立.

♣

例题 2.16　考虑有三个小孩的家庭, 令 b 表示男孩, g 表示女孩, 则共有 8 种等可能的情况

$$bbb, \quad bbg, \quad bgb, \quad gbb, \quad bgg, \quad gbg, \quad ggb, \quad ggg.$$

记事件 A 表示家中男女孩都有, B 表示家中至多一个女孩. 则由于 $P(A) = 6/8$, $P(B) = 4/8$, 而 $p(AB) = P(\text{家中恰有一个女孩}) = 3/8$, 所以 $P(AB) = P(A)P(B)$, 即 A 与 B 相互独立.

当考虑两个小孩的家庭时, 样本空间中的所有样本点为

$$bb, \quad bg, \quad gb, \quad gg.$$

此时, $P(A) = 2/4$, $P(B) = 3/4$, 而 $P(AB) = 2/4$, 从而 $P(AB) \neq P(A)P(B)$, 即 A 与 B 不独立. □

将独立的概念延伸到 σ-代数是很重要的.

定义 2.12

令 $\mathcal{U}_i \subseteq \mathcal{U}$ 是 σ-代数序列, $i = 1, 2, \cdots$, 如果对任意的 $A_{k_i} \in \mathcal{U}_{k_i}$, $1 \leqslant k_1 < k_2 < \cdots < k_m$, 有

$$P(A_{k_1} \cap A_{k_2} \cap \cdots \cap A_{k_m}) = P(A_{k_1})P(A_{k_2}) \cdots P(A_{k_m}),$$

则称 $\{\mathcal{U}_i\}_{i=1}^{\infty}$ 相互独立.

♣

2.4.3 独立随机变量

最后, 我们将该独立的概念应用到随机变量中.

定义 2.13

令 $\boldsymbol{X}_i : \Omega \to \mathbb{R}^n$, $i = 1, 2, \cdots$ 是随机变量序列, 我们称 $\{\boldsymbol{X}_i\}_{i=1}^{\infty}$ 是独立的, 如果对所有的 $k \geqslant 2$, 以及所有的 Borel 集 $B_1, B_2, \cdots, B_k \subseteq \mathbb{R}^n$, 有

$$P(\boldsymbol{X}_1 \in B_1, \boldsymbol{X}_2 \in B_2, \cdots, \boldsymbol{X}_k \in B_k) = P(\boldsymbol{X}_1 \in B_1)P(\boldsymbol{X}_2 \in B_2)\cdots P(\boldsymbol{X}_k \in B_k).$$

♣

上述定义等价于 σ-代数 $\{\mathcal{U}(\boldsymbol{X}_i)\}_{i=1}^{\infty}$ 是独立的.

例题 2.17 取 $\Omega = [0, 1)$, $\mathcal{U}$ 是 $[0, 1)$ 上的 Borel 集, P 是 Lebesgue (勒贝格) 测度. 对 $\forall \omega \in \Omega$, 以及 $n \in \mathbb{N}^+$, 定义

$$X_n(\omega) = \begin{cases} 1, & \dfrac{k}{2^n} \leqslant \omega < \dfrac{k+1}{2^n}, \ k \text{ 为偶数}, \\ -1, & \dfrac{k}{2^n} \leqslant \omega < \dfrac{k+1}{2^n}, \ k \text{ 为奇数} \end{cases}$$

为 **Rademacher (拉德马赫) 函数**, 实际上它们是相互独立的随机变量. 我们只需验证对于所有的 $e_1, \cdots, e_k \in \{-1, 1\}$, 有

$$P(X_1 = e_1, X_2 = e_2, \cdots, X_k = e_k) = P(X_1 = e_1)P(X_2 = e_2)\cdots P(X_k = e_k),$$

事实上, 可以证明上式两边都等于 2^{-k}. □

定理 2.1

令 $\boldsymbol{X}_1, \boldsymbol{X}_2, \cdots, \boldsymbol{X}_{m+n}$ 是独立的取值在 $\mathbb{R}^k$ 上的随机变量. 假设 $f : (\mathbb{R}^k)^n \to \mathbb{R}$, $g : (\mathbb{R}^k)^m \to \mathbb{R}$, 则

$$Y := f(\boldsymbol{X}_1, \cdots, \boldsymbol{X}_n), \ Z := g(\boldsymbol{X}_{n+1}, \cdots, \boldsymbol{X}_{n+m})$$

是独立的.

♡

证明 任取 Borel 集 $A, B \subseteq \mathbb{R}$, 我们有

$$\begin{aligned} P(Y \in A, Z \in B) &= P\left(f(\boldsymbol{X}_1, \cdots, \boldsymbol{X}_n) \in A, g(\boldsymbol{X}_{n+1}, \cdots, \boldsymbol{X}_{n+m}) \in B\right) \\ &= P\left((\boldsymbol{X}_1, \cdots, \boldsymbol{X}_n) \in f^{-1}(A), (\boldsymbol{X}_{n+1}, \cdots, \boldsymbol{X}_{n+m}) \in g^{-1}(B)\right) \end{aligned}$$

$$
\begin{aligned}
&= P\left((\boldsymbol{X}_1,\cdots,\boldsymbol{X}_n)\in f^{-1}(A)\right) P\left((\boldsymbol{X}_{n+1},\cdots,\boldsymbol{X}_{n+m})\in g^{-1}(B)\right)\\
&= P\left(f(\boldsymbol{X}_1,\cdots,\boldsymbol{X}_n)\in A\right) P\left(g(\boldsymbol{X}_{n+1},\cdots,\boldsymbol{X}_{n+m})\in B\right)\\
&= P(Y\in A)P(Z\in B),
\end{aligned}
$$

从而 Y, Z 相互独立. 也可参考文献 [7]. □

定理 2.2

(1) 随机变量 $\boldsymbol{X}_1,\cdots,\boldsymbol{X}_m:\Omega\to\mathbb{R}^n$ 相互独立, 当且仅当

$$
F_{\boldsymbol{X}_1,\cdots,\boldsymbol{X}_m}(\boldsymbol{x}_1,\cdots,\boldsymbol{x}_m)=F_{\boldsymbol{X}_1}(\boldsymbol{x}_1)\cdots F_{\boldsymbol{X}_m}(\boldsymbol{x}_m), \tag{2.12}
$$

对于所有的 $\boldsymbol{x}_i\in\mathbb{R}^n$, $i=1,2,\cdots,m$ 都成立.

(2) 如果随机变量有密度函数, 则 (2.12) 式等价于

$$
f_{\boldsymbol{X}_1,\cdots,\boldsymbol{X}_m}(\boldsymbol{x}_1,\cdots,\boldsymbol{x}_m)=f_{\boldsymbol{X}_1}(\boldsymbol{x}_1)\cdots f_{\boldsymbol{X}_m}(\boldsymbol{x}_m), \tag{2.13}
$$

对于所有的 $\boldsymbol{x}_i\in\mathbb{R}^n$, $i=1,2,\cdots,m$ 都成立. 这里函数 $f_{\boldsymbol{X}_i}$ 是 $\boldsymbol{X}_i$ 的密度函数. ♡

证明 1. 假设 $\{\boldsymbol{X}_k\}_{k=1}^m$ 是独立的, 则

$$
\begin{aligned}
F_{\boldsymbol{X}_1,\cdots,\boldsymbol{X}_m}(\boldsymbol{x}_1,\cdots,\boldsymbol{x}_m) &=P(\boldsymbol{X}_1\leqslant\boldsymbol{x}_1,\cdots,\boldsymbol{X}_m\leqslant\boldsymbol{x}_m)\\
&=P(\boldsymbol{X}_1\leqslant\boldsymbol{x}_1)\cdots P(\boldsymbol{X}_m\leqslant\boldsymbol{x}_m)\\
&=F_{\boldsymbol{X}_1}(\boldsymbol{x}_1)\cdots F_{\boldsymbol{X}_m}(\boldsymbol{x}_m).
\end{aligned}
$$

2. 在 $\{\boldsymbol{X}_k\}_{k=1}^m$ 有密度函数的情况下, 我们证明逆命题. 选取 $A_i\in\mathcal{U}(\boldsymbol{X}_i)$, $i=1,2,\cdots,m$, 则存在 $B_i\in\mathcal{B}$ 使得 $A_i=\boldsymbol{X}_i^{-1}(B_i)$, 因此

$$
\begin{aligned}
P(A_1\cap\cdots\cap A_m) &=P(\boldsymbol{X}_1\in B_1,\cdots,\boldsymbol{X}_m\in B_m)\\
&=\int_{B_1\times\cdots\times B_m} f_{\boldsymbol{X}_1,\cdots,\boldsymbol{X}_m}(\boldsymbol{x}_1,\cdots,\boldsymbol{x}_m)\mathrm{d}\boldsymbol{x}_1\cdots\mathrm{d}\boldsymbol{x}_m\\
&=\left(\int_{B_1} f_{\boldsymbol{X}_1}(\boldsymbol{x}_1)\mathrm{d}\boldsymbol{x}_1\right)\cdots\left(\int_{B_m} f_{\boldsymbol{X}_m}(\boldsymbol{x}_m)\mathrm{d}\boldsymbol{x}_m\right) \Leftarrow \text{根据 (2.13)}\\
&=P(\boldsymbol{X}_1\in B_1)\cdots P(\boldsymbol{X}_m\in B_m)\\
&=P(A_1)\cdots P(A_m).
\end{aligned}
$$

因此, $\mathcal{U}(\boldsymbol{X}_1),\cdots,\mathcal{U}(\boldsymbol{X}_m)$ 是独立的 σ-代数. □

独立随机变量的一个最重要的性质如下:

定理 2.3

如果 $X_1, \cdots, X_m$ 是独立的实值随机变量, 且满足

$$E(|X_i|) < \infty \quad (i = 1, \cdots, m),$$

则 $E(|X_1 \cdots X_m|) < \infty$, 且

$$E(X_1 \cdots X_m) = E(X_1) \cdots (X_m).$$

♡

证明 我们仅证明 X_i 有密度函数的情形.

$$\begin{aligned} E(X_1 \cdots X_m) &= \int_{\mathbb{R}^m} x_1 \cdots x_m f_{X_1, \cdots, X_m}(x_1, \cdots, x_m) \mathrm{d}x_1 \cdots \mathrm{d}x_m \\ &= \left(\int_{\mathbb{R}} x_1 f_{X_1}(x_1) \mathrm{d}x_1 \right) \cdots \left(\int_{\mathbb{R}} x_m f_{X_m}(x_m) \mathrm{d}x_m \right) \\ &= E(X_1) \cdots E(X_m). \end{aligned}$$

□

定理 2.4

如果 $X_1, \cdots, X_m$ 是独立的实值随机变量, 且满足

$$V(X_i) < \infty \quad (i = 1, \cdots, m),$$

则

$$V(X_1 + \cdots + X_m) = V(X_1) + \cdots + V(X_m).$$

♡

证明 不失一般性, 我们仅证明 $m = 2$ 的情形. 令 $m_1 := E(X_1)$, $m_2 := E(X_2)$, 则 $E(X_1 + X_2) = m_1 + m_2$, 且

$$\begin{aligned} V(X_1 + X_2) &= \int_{\Omega} \big(X_1 + X_2 - (m_1 + m_2)\big)^2 \mathrm{d}P \\ &= \int_{\Omega} (X_1 - m_1)^2 \mathrm{d}P + \int_{\Omega} (X_2 - m_2)^2 \mathrm{d}P + 2 \int_{\Omega} (X_1 - m_1)(X_2 - m_2) \mathrm{d}P \\ &= V(X_1) + V(X_1) + 2 \underbrace{E(X_1 - m_1)}_{=0} \underbrace{E(X_2 - m_2)}_{=0}, \end{aligned}$$

其中在最后一个等式中, 我们用到了 X_1 和 X_2 的独立性. □

2.5 Borel-Cantelli 引理

下面介绍一种简单实用的方法来检验序列 $A_1, \cdots, A_n, \cdots$ 是否"经常无限次发生".

定义 2.14

令 $A_1, \cdots, A_n, \cdots$ 是一个概率空间中的事件序列, 则事件

$$\bigcap_{n=1}^{\infty}\bigcup_{m=n}^{\infty}A_m := \{\omega\in\Omega \mid \forall n\in\mathbb{N}, \exists k\geqslant n, \text{ s.t. } \omega\in A_k\} = \{\omega\in\Omega \mid \omega\text{属于无限多个}A_n\}$$

被称作" A_n 无限频繁", 缩写为"A_n i.o.". ♣

例题 2.18 某人反复地投掷硬币, 观察朝上的是正面 (H) 还是反面 (T), 则 $\Omega = \{H, T\}, \mathcal{U} = \{\varnothing, \{H\}, \{T\}, \{H, T\}\}$. 令 A_n 表示第 n 次投掷是正面, 则

$$A_n \text{ i.o.} = \{\text{有无限多个投掷结果是正面}\}.$$

□

引理 2.4 (Borel-Cantelli (博雷尔–坎泰利) 引理)

如果 $\sum_{n=1}^{\infty} P(A_n) < \infty$, 则 $P(A_n \text{ i.o.}) = 0$. ♡

证明 根据定义, $A_n \text{ i.o.} = \bigcap\limits_{n=1}^{\infty}\bigcup\limits_{m=n}^{\infty} A_m$, 因此, 对任意的 n,

$$P(A_n \text{ i.o.}) \leqslant P(\bigcup_{m=n}^{\infty} A_m) \leqslant \sum_{m=n}^{\infty} P(A_m).$$

由于 $\sum P(A_m) < \infty$, 上式右端在 $n\to\infty$ 时, 极限为 0. □

应用 我们给出一个应用 Borel-Cantelli 引理的典型例子.

称概率空间的一个随机变量序列 $\{X_k\}_{k=1}^{\infty}$ **依概率收敛于**一个随机变量 X, 如果对任意的 $\varepsilon > 0$, 都有

$$\lim_{k\to\infty} P(|X_k - X| > \varepsilon) = 0.$$

定理 2.5

如果依概率 $X_k \longrightarrow X$, 则存在一个子序列 $\{X_{k_j}\}_{j=1}^{\infty} \subset \{X_k\}_{k=1}^{\infty}$ 使得

$$X_{k_j}(\omega) \to X(\omega), \quad \text{a.s.}$$

♡

证明 对任意的正数 j 我们选取充分大的 k_j, 满足

$$P\left(|X_{k_j}-X|>\frac{1}{j}\right)\leqslant\frac{1}{j^2},$$

且 $k_1<\cdots<k_{j-1}<k_j<\cdots$, $k_j\to\infty$. 令 $A_j:=\left\{|X_{k_j}-X|>\frac{1}{j}\right\}$. 因为 $\sum\frac{1}{j^2}<\infty$, 由 Borel-Cantelli 引理, 有 $P(A_n \text{ i.o.})=0$. 从而, 对于几乎所有的样本点 ω, 存在依赖于样本点 ω 的 $J(\omega)$, 当 $j\geqslant J(\omega)$ 时, 有 $|X_{k_j}(\omega)-X(\omega)|\leqslant\frac{1}{j}$. □

2.6 特征函数

接下来, 我们介绍一种傅里叶变换的形式, 它将为我们提供一种有效的方法来识别高斯随机变量.

定义 2.15

令 $\boldsymbol{X}$ 为一 $\mathbb{R}^n$ 值的随机变量, 则称

$$\Phi_{\boldsymbol{X}}(\lambda):=E(\mathrm{e}^{\mathrm{i}\lambda\cdot\boldsymbol{X}})\quad(\lambda\in\mathbb{R}^n)$$

是 $\boldsymbol{X}$ 的特征函数. ♣

例题 2.19 如果实值随机变量 X 是 $N(m,\sigma^2)$ 的, 则

$$\Phi_X(\lambda)=\mathrm{e}^{\mathrm{i}m\lambda-\frac{\lambda^2\sigma^2}{2}}\quad(\lambda\in\mathbb{R}).$$

为方便起见, 令 $m=0$, $\sigma=1$, 则

$$\Phi_X(\lambda)=\int_{-\infty}^{+\infty}\mathrm{e}^{\mathrm{i}\lambda x}\frac{1}{\sqrt{2\pi}}\mathrm{e}^{-\frac{x^2}{2}}\mathrm{d}x=\frac{\mathrm{e}^{\frac{-\lambda^2}{2}}}{\sqrt{2\pi}}\int_{-\infty}^{+\infty}\mathrm{e}^{\frac{-(x-\mathrm{i}\lambda)^2}{2}}\mathrm{d}x.$$

我们将复平面上的积分路径从 $\{\mathrm{Im}(z)=-\lambda\}$ 转移到实轴上, 由于 $\int_{-\infty}^{+\infty}\mathrm{e}^{-\frac{x^2}{2}}\mathrm{d}x=\sqrt{2\pi}$, 因此 $\Phi_X(\lambda)=\mathrm{e}^{\frac{-\lambda^2}{2}}$. (这里 $\mathrm{Im}(z)$ 表示 z 的虚部.) □

引理 2.5

(1) 设 $\boldsymbol{X}_1,\cdots,\boldsymbol{X}_m$ 是独立的随机变量, 则对任意的 $\lambda\in\mathbb{R}^n$,

$$\Phi_{\boldsymbol{X}_1+\cdots+\boldsymbol{X}_m}(\lambda)=\Phi_{\boldsymbol{X}_1}(\lambda)\cdots\Phi_{\boldsymbol{X}_m}(\lambda).$$

(2) 设 X 是一个实值随机变量,

$$\Phi_{(k)}(0) = \mathrm{i}^k E(X^k) \quad (k = 0, 1, \cdots).$$

(3) 设 X, Y 是两个随机变量, 且对任意的 λ, 有

$$\Phi_X(\lambda) = \Phi_Y(\lambda),$$

则对任意 x, 有

$$F_X(x) = F_Y(x).$$

♡

结论 (3) 表明 X 的特征函数决定了它的分布.

证明 1. 由特征函数的定义

$$\begin{aligned}\Phi_{\boldsymbol{X}_1+\cdots+\boldsymbol{X}_m}(\lambda) &= E(\mathrm{e}^{\mathrm{i}\lambda\cdot(\boldsymbol{X}_1+\cdots+\boldsymbol{X}_m)}) \\ &= E(\mathrm{e}^{\mathrm{i}\lambda\cdot\boldsymbol{X}_1}\mathrm{e}^{\mathrm{i}\lambda\cdot\boldsymbol{X}_2}\cdots\mathrm{e}^{\mathrm{i}\lambda\cdot\boldsymbol{X}_m}) \\ &= E(\mathrm{e}^{\mathrm{i}\lambda\cdot\boldsymbol{X}_1})\cdots E(\mathrm{e}^{\mathrm{i}\lambda\cdot\boldsymbol{X}_m}) \quad (\Leftarrow \text{根据独立性}) \\ &= \Phi_{\boldsymbol{X}_1}(\lambda)\cdots\Phi_{\boldsymbol{X}_m}(\lambda).\end{aligned}$$

2. 由于 $\Phi'(\lambda) = \mathrm{i}E(X\mathrm{e}^{\mathrm{i}\lambda X})$, 有 $\Phi'(0) = \mathrm{i}E(X)$. 类似地, (2) 中的等式对于 $k = 2, 3, \cdots$ 均成立.

3. (3) 的证明需要用到傅里叶反演定理, 具体见 [7]. □

例题 2.20 如果 X, Y 是独立的实值随机变量, 且 X 是 $N(m_1, \sigma_1^2)$ 的, Y 是 $N(m_2, \sigma_2^2)$, 则 $X+Y$ 的分布是 $N(m_1+m_2, \sigma_1^2+\sigma_2^2)$.

事实上, 只需计算

$$\Phi_{X+Y}(\lambda) = \Phi_X(\lambda)\Phi_Y(\lambda) = \mathrm{e}^{\frac{im_1\lambda-\lambda^2\sigma_1{}^2}{2}}\mathrm{e}^{\frac{im_2\lambda-\lambda^2\sigma_2{}^2}{2}} = \mathrm{e}^{\mathrm{i}(m_1+m_2)\lambda-\frac{\lambda^2}{2}(\sigma_1{}^2+\sigma_2{}^2)}. \quad \square$$

例题 2.21 已知随机变量 X 的特征函数为 $\Phi_X(\lambda) = \mathrm{e}^{2\mathrm{i}\lambda}$, 求 $E(X^2)$ 和 $V(X)$.

根据特征函数的性质, 有 $E(X^k) = \mathrm{i}^{-k}\Phi_{(k)}(0)$, 而

$$\Phi_{(1)}(0) = 2\mathrm{i}\mathrm{e}^{2\mathrm{i}\lambda}|_{\lambda=0} = 2\mathrm{i}$$

且

$$\Phi_{(2)}(0) = -4\mathrm{e}^{2\mathrm{i}\lambda}|_{\lambda=0} = -4.$$

因此,

$$E(X) = \mathrm{i}^{-1}\Phi_{(1)}(0) = 2,$$

$$E(X^2) = \mathrm{i}^{-2}\Phi_{(2)}(0) = 4,$$

$$V(X) = E(X^2) - [E(X)]^2 = 0.$$

□

2.7 强大数定律、中心极限定理

本节主要讨论独立、重复试验下的数学模型.

假设给定一个概率空间, 以及其上的一实值随机变量 X, X 记录了某种随机试验的结果. 我们可以通过引进随机变量序列 $X_1, \cdots, X_n, \cdots$, 来重复模拟试验. 其中的每个量 X_i 与 X 都具有 "相同的概率信息".

定义 2.16

如果对于任意的 x, 有

$$F_{X_1}(x) = F_{X_2}(x) = \cdots = F_{X_n}(x) = \cdots$$

成立, 则称随机变量序列 $X_1, \cdots, X_n, \cdots$ 为同分布的随机变量. ♣

如果我们再假设随机变量 $X_1, \cdots, X_n, \cdots$ 是相互独立的, 此时该随机变量序列可以看成一个独立、重复的随机试验的结果. 更确切地说, 给定一个样本点 $\omega \in \Omega$, 观察序列 $X_1(\omega), \cdots, X_n(\omega), \cdots$ 的取值. 我们能从这些观察值中推断出什么呢?

2.7.1 强大数定律

首先, 我们证明在依概率的意义下, 可以推断出随机变量序列的共同期望值.

定理 2.6 (强大数定律)

令序列 $X_1, \cdots, X_n, \cdots$ 是定义在同一概率空间上的独立、同分布的可积随机变量.

记 $m := E(X_i)$, $i = 1, 2, \cdots$, 则

$$P\left(\lim_{n\to\infty} \frac{X_1 + \cdots + X_n}{n} = m\right) = 1.$$

♡

证明 1. 不失一般性, 假设随机变量为实值的. 为简单起见, 假设

$$E(X_i^4) < \infty \quad (i = 1, 2, \cdots).$$

另外, 我们还假设 $m = 0$, 因为在一般情况下可以用 $X_i - m$ 替换 X_i.

2. 由于

$$E\left(\left(\sum_{i=1}^{n} X_i\right)^4\right) = \sum_{i,j,k,l=1}^{n} E(X_i X_j X_k X_l),$$

且如果 $i \neq j, k, l$, 由独立性可知

$$E(X_i X_j X_k X_l) = \underbrace{E(X_i)}_{=0} E(X_j X_k X_l) = 0.$$

而 X_i 是同分布的, 所以

$$\begin{aligned} E\left((\sum_{i=1}^{n} X_i)^4\right) &= \sum_{i=1}^{n} E(X_i^4) + 3 \sum_{i,j=1}^{n} E(X_i^2 X_j^2) \\ &= nE(X_1^4) + 3(n^2 - n)(E(X_1^2))^2 \\ &\leqslant n^2 C, \end{aligned}$$

其中 C 为常数.

根据 Chebyshev 不等式, 对任意的 $\varepsilon > 0$, 我们有

$$\begin{aligned} P\left(\left|\frac{1}{n}\sum_{i=1}^{n} X_i\right| \geqslant \varepsilon\right) &= P\left(\left|\sum_{i=1}^{n} X_i\right| \geqslant \varepsilon n\right) \\ &\leqslant \frac{1}{\varepsilon n^4} E\left((\sum_{i=1}^{n} X_i)^4\right) \\ &\leqslant \frac{C}{\varepsilon^4} \frac{1}{n^2}. \end{aligned}$$

由 Borel-Cantelli 引理可得

$$P\left(\left|\frac{1}{n}\sum_{i=1}^{n} X_i\right| \geqslant \varepsilon \text{ i.o.}\right) = 0.$$

3. 取 $\varepsilon = \dfrac{1}{k}$, 由前所述,

$$\limsup_{n\to\infty}\left|\frac{1}{n}\sum_{i=1}^{n}X_i(\omega)\right| \leqslant \frac{1}{k},$$

这意味着除了 $\omega \in B_k$, 这里 $P(B_k)=0$, 且记 $B := \bigcup_{k=1}^{\infty} B_k$, 有 $P(B)=0$, 我们得到

$$\lim_{n\to\infty}\frac{1}{n}\sum_{i=1}^{n}X_i(\omega)=0,$$

对于样本点 $\omega \notin B$ 都成立. □

例题 2.22 令随机变量 X_i 表示第 i 次投一个公平的骰子的点数, $i=1,2,\cdots,n,\cdots$, 易知 X_i 独立同分布, 且 $E(X_i)=3.5$. 根据大数定律, 有

$$P\left(\lim_{n\to\infty}\frac{X_1+\cdots+X_n}{n}=3.5\right)=1.$$

我们可以通过多次投公平的骰子来验证上述等式, 如图 2.10 所示. □

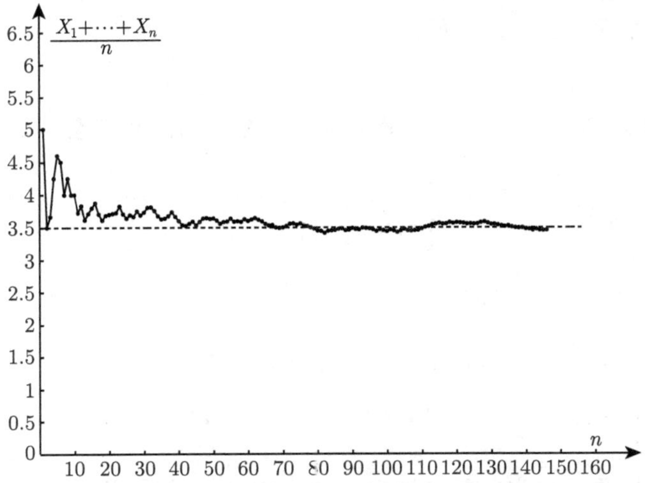

图 2.10 多次投公平的骰子的平均点数

例题 2.23 (定积分的近似计算) 计算定积分

$$J=\int_0^1 f(x)\mathrm{d}x.$$

设 X 是 $U(0,1)$ 的随机变量, 则随机变量函数 $Y=f(X)$ 的期望为

$$E(f(X))=\int_0^1 f(x)\mathrm{d}x=J.$$

从而估计 J 的值就是估计 $f(X)$ 期望的值. 由大数定律, 可以用 $f(X)$ 的观察值的平均去估计 $E(f(X))$. 具体做法为: 先用计算机产生 n 个独立且服从 $(0,1)$ 上的均匀分布的随机数 x_i, $i=1,2,\cdots,n$, 然后对每个随机数计算 $f(x_i)$, 最后估计 J 为

$$J\approx\frac{1}{n}\sum_{i=1}^{n}f(x_i).$$

可以想象到 n 越大, 估计值越接近精确值. □

2.7.2 Laplace-De Moivre 定理

强大数定理表明: 对几乎所有的样本点 $\omega\in\Omega$,

$$\frac{X_1(\omega)+\cdots+X_n(\omega)}{n}\to m,\quad n\to\infty.$$

接下来我们讨论 Laplace-De Moivre (拉普拉斯–棣莫弗) 定理及其推广形式——中心极限定理. 这些理论可以在极限状态下对 "波动" 进行估计.

我们从一个简单的引理开始.

引理 2.6

假设实值序列 $X_1,\cdots,X_n,\cdots$ 是独立、同分布的随机变量, 且

$$\begin{cases}P(X_i=1)=p,\\P(X_i=0)=q,\end{cases}$$

其中 $p,q\geqslant 0$, $p+q=1$, 则

$$\begin{aligned}E(X_1+\cdots+X_n)=&np,\\V(X_1+\cdots+X_n)=&npq.\end{aligned}$$

♡

我们可以想象成独立、重复地掷一枚不均匀的硬币, 其中出现正面的概率为 p, 反面的概率为 q.

证明 $E(X_i)=\int_\Omega X_i\mathrm{d}P=p$, 从而

$$E(X_1+\cdots+X_n)=np.$$

由于

$$V(X_i)=\int_{\Omega}(X_i-p)^2\mathrm{d}P=(1-p)^2P(X_i=1)+p^2P(X_i=0)$$
$$=q^2p+p^2q=qp.$$

由独立性可得

$$V(X_1+\cdots+X_n)=V(X_1)+\cdots+V(X_n)=npq.$$ □

定理 2.7 (Laplace-De Moivre)

令 $X_1,\cdots,X_n,\cdots$ 是引理 2.6 中的实值独立、同分布的随机变量序列. 定义和 $S_n:=X_1+\cdots+X_n$, 则对任意的 $-\infty<a<b<+\infty$, 有

$$\lim_{n\to\infty}P\left(a\leqslant\frac{S_n-np}{\sqrt{npq}}\leqslant b\right)=\frac{1}{\sqrt{2\pi}}\int_a^b\mathrm{e}^{-\frac{x^2}{2}}\mathrm{d}x.$$ ♡

证明见附录 A.

Laplace-De Moivre 定理的解释 由引理 2.6 可知

$$\frac{S_n-np}{\sqrt{npq}}=\frac{S_n-E(S_n)}{\sqrt{V(S_n)}}.$$

因此, Laplace-De Moivre 定理指出: 标准化后的随机变量之和 S_n 的分布在 $n\to\infty$ 时, 趋向于标准正态分布 $N(0,1)$.

特别地, 当 $p=q=\frac{1}{2}$ 时, 假设 $a>0$, 则

$$\lim_{n\to\infty}P\left(-\frac{a\sqrt{n}}{2}\leqslant S_n-\frac{n}{2}\leqslant\frac{a\sqrt{n}}{2}\right)=\frac{1}{\sqrt{2\pi}}\int_{-a}^{a}\mathrm{e}^{-\frac{x^2}{2}}\mathrm{d}x.$$

如果取固定的 $b>0$, 且记 $a=\frac{2b}{\sqrt{n}}$, 则对于充分大的 n, 有

$$P\left(-b\leqslant S_n-\frac{n}{2}\leqslant b\right)\approx\underbrace{\frac{1}{\sqrt{2\pi}}\int_{-\frac{2b}{\sqrt{n}}}^{\frac{2b}{\sqrt{n}}}\mathrm{e}^{-\frac{x^2}{2}}\mathrm{d}x}_{\to 0,\ \text{当}\ n\to\infty}.$$

按照强大数定律, 对几乎所有的 ω, $\frac{1}{n}S_n(\omega)\to\frac{1}{2}$; 但是 $\left|S_n(\omega)-\frac{n}{2}\right|$ 依概率 "波动", 且可以超过任何有限的值 b. □

例题 2.24 假设 $X_1, X_2, \cdots, X_{20}$ 为独立、同分布的随机变量序列, 且满足

$$\begin{cases} P(X_i = 1) = 0.4, \\ P(X_i = 0) = 0.6, \end{cases}$$

则对任意的 $-\infty < a < b < +\infty$, 有

$$P\left(a \leqslant \frac{\sum_{i=1}^{20} X_i - 8}{\sqrt{4.8}} \leqslant b\right) \approx \frac{1}{\sqrt{2\pi}} \int_a^b \mathrm{e}^{-\frac{x^2}{2}} \mathrm{d}x.$$

图 2.11 展示了 $\frac{\sum_{i=1}^{20} X_i - 8}{\sqrt{4.8}}$ 与标准正态分布的拟合程度. □

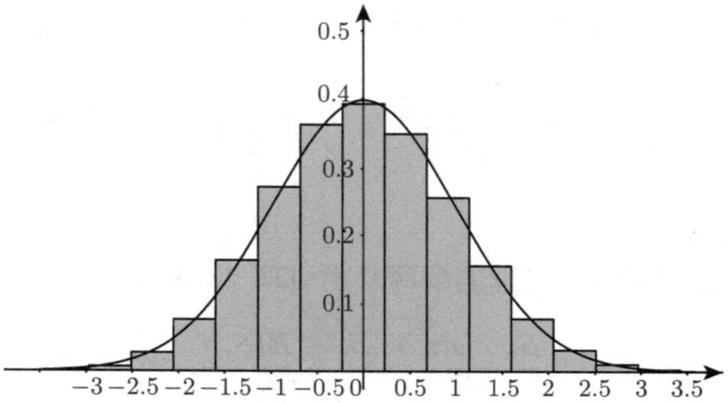

图 2.11 拟合示意图

2.7.3 中心极限定理

我们现在来推广 Laplace-De Moivre 定理.

定理 2.8 (中心极限定理)

令 $X_1, \cdots, X_n, \cdots$ 是独立、同分布的实值随机变量序列, 且满足

$$E(X_i) = m, \quad V(X_i) = \sigma^2 > 0.$$

对于 $i = 1, 2, \cdots$, 令

$$S_n := X_1 + \cdots + X_n,$$

则对于任意的 $-\infty < a < b < +\infty$, 有

$$\lim_{n\to\infty} P\left(a \leqslant \frac{S_n - nm}{\sqrt{n}\sigma} \leqslant b\right) = \frac{1}{\sqrt{2\pi}} \int_a^b \mathrm{e}^{-\frac{x^2}{2}} \mathrm{d}x. \tag{2.14}$$

因此, Laplace-De Moivre 定理不但对取值为 0, 1 的随机变量成立, 而且对任意的独立、同分布的且方差有限的随机变量序列均成立. 后面, 我们将用这一结论来说明布朗运动对于任意的时间 $t \geqslant 0$ 都服从正态分布.

证明概述 为简单起见, 可以设 $m = 0$, $\sigma^2 = 1$, 如果不是, 我们可以通过适当的变换转化为这种情况. 由于这些随机变量是独立、同分布的, 则对任意的 $\lambda \in \mathbb{R}$, 有

$$\Phi_{\frac{S_n}{\sqrt{n}}}(\lambda) = \Phi_{\frac{X_1}{\sqrt{n}}}(\lambda) = \cdots = \Phi_{\frac{X_n}{\sqrt{n}}}(\lambda) = \left[\Phi_{X_1}\left(\frac{\lambda}{\sqrt{n}}\right)\right]^n.$$

现令 $\Phi = \Phi_{X_1}$, 满足

$$\Phi(\mu) = \Phi(0) + \Phi'(0)\mu + \frac{1}{2}\Phi''(0)\mu^2 + o(\mu^2), \quad \mu \to 0,$$

这里 $\Phi(0)=1$, $\Phi'(0)=\mathrm{i}E(X_1)=0$, $\Phi''(0)=-E(X_1^2)=-1$. 接着令 $\mu = \dfrac{\lambda}{\sqrt{n}}$, 有

$$\Phi_{X_1}\left(\frac{\lambda}{\sqrt{n}}\right) = 1 - \frac{\lambda^2}{2n} + o\left(\frac{\lambda^2}{n}\right),$$

且

$$\Phi_{\frac{S_n}{\sqrt{n}}}(\lambda) = \left(1 - \frac{\lambda^2}{2n} + o\left(\frac{\lambda^2}{n}\right)\right)^n \to \mathrm{e}^{-\frac{\lambda^2}{2}},$$

当 $n \to \infty$ 时, 对所有的 λ 都成立. 但是 $\mathrm{e}^{-\frac{\lambda^2}{2}}$ 是 $N(0,1)$ 随机变量的特征函数. 特征函数的收敛性可以推导出极限 (2.14); 具体证明过程可以参考 [6,7]. □

例题 2.25 (正态随机数的生成) 在随机模拟试验时, 经常需要用到服从正态分布 $N(m,\sigma^2)$ 的随机数, 且一般统计软件都有生成正态随机数的功能. 那么该功能是如何实现的呢?

以生成服从 $N(0,1)$ 的随机数为例, 设随机变量 X 的密度函数为

$$f_X(x) = \begin{cases} 1, & 0 < x < 1, \\ 0, & \text{其他}, \end{cases}$$

即 X 服从 (0,1) 上的均匀分布. 容易算出 $E(X) = \dfrac{1}{2}$, $V(X) = \dfrac{1}{12}$. 由此, 可以取到 12 个相互独立且服从 (0,1) 上的均匀分布的随机变量序列 $X_1, X_2, \cdots, X_{12}$. 通过计算机进行以下操作:

(1) 通过计算机生成 12 个服从 (0,1) 上均匀分布的随机数: $x_1, x_2, \cdots, x_{12}$;

(2) 计算 $y = x_1 + x_2 + \cdots + x_{12} - \frac{1}{2} \times 12$, 由定理 2.8 知, 可以将 y 近似看成服从 $N(0,1)$ 的一个随机数;

(3) 重复 (1) ~ (2) n 次就可以得到 n 个服从 $N(0,1)$ 的随机数.

更一般地, 对于得到的 n 个服从 $N(0,1)$ 的随机数, 令 $z = m + \sigma y$, 即可得到 n 个服从 $N(m,\sigma)$ 的随机数. □

2.8 条件期望

2.8.1 动机

在之前, 我们定义了 $P(A|B)$, 其表示在 B 事件发生的情况下, A 事件发生的概率. 如果 $P(B) > 0$, 则它的值为 $\frac{P(A \cap B)}{P(B)}$.

更进一步的问题是: 如何来定义

$$E(X|B),$$

即 B 事件发生时, 随机变量 X 的数学期望是多少?

同条件概率的处理思路一样, 我们可以将 B 想象成一个新的概率空间, 有 $\tilde{P} = \frac{P}{P(B)}$. 因此, 如果 $P(B) > 0$, 我们令

$$E(X|B) = X \text{ 在 } B \text{ 上的均值} = \frac{1}{P(B)} \int_B X \mathrm{d}P.$$

下面我们提一个有趣的问题: 怎样给出

$$E(X|Y)$$

的合理的定义, 即给定一个随机变量 Y 的情况下, 随机变量 X 的数学期望是多少? 换而言之, 如果 "偶然" 选择了样本点 $\omega \in \Omega$, 而且已知 $Y(\omega)$ 的值, 我们猜测到的 $X(\omega)$ 值是多少?

事实上, 这是一个微妙但极其重要的问题, 为此, 我们将介绍性地讨论两种得到条件期望的思路.

2.8.2 条件期望的定义方法 1

我们从一个例子开始.

例题 2.26 给定概率空间 $(\Omega, \mathcal{U}, P)$, 在其中定义一简单随机变量 Y. 即 $Y := \sum_{i=1}^{m} a_i \mathcal{X}_{A_i}$. 因此

$$Y=\begin{cases} a_1, & \text{在 } A_1 \text{ 上}, \\ a_2, & \text{在 } A_2 \text{ 上}, \\ \cdots & \cdots \\ a_m, & \text{在 } A_m \text{ 上}, \end{cases}$$

其中 $a_1, a_2, \cdots, a_m$ 是互不相等的实数, $A_1, A_2, \cdots, A_m$ 是概率都大于 0 的互斥事件, 且它们的并是 Ω.

接着, 令 X 为 Ω 上的任意的其他实值随机变量. 在给定 Y 时, 对 X 的最佳猜测是什么? 对于这个问题, 我们采取以下思路: 如果知道了 $Y(\omega)$ 的值, 也就知道了 $A_1, A_2, \cdots, A_m$ 中的哪个包含了 ω. 只要知道这些信息, 我们对 X 值的估计的最优方法是它对每个对应事件取平均值. 即取

$$E(X|Y):=\begin{cases} \dfrac{1}{P(A_1)}\displaystyle\int_{A_1} X\mathrm{d}P, & \text{在 } A_1 \text{ 上}, \\ \dfrac{1}{P(A_2)}\displaystyle\int_{A_2} X\mathrm{d}P, & \text{在 } A_2 \text{ 上}, \\ \cdots & \cdots \\ \dfrac{1}{P(A_m)}\displaystyle\int_{A_m} X\mathrm{d}P, & \text{在 } A_m \text{ 上}. \end{cases}$$

□

对于上例, 我们注意到

- $E(X|Y)$ 是一个随机变量, 而不是常数.
- $E(X|Y)$ 是 $\mathcal{U}(Y)$-可测的.
- 对于任意的 $A\in\mathcal{U}(Y)$, 有 $\displaystyle\int_A X\mathrm{d}P=\int_A (X|Y)\mathrm{d}P$.

不失一般性, 我们可以对满足上述三条性质的 $E(X|Y)$ 进行定义.

定义 2.17

令 X 和 Y 是定义在同一概率空间上的随机变量. 给定 Y 时, X 的条件期望 $E(X|Y)$ 是使得

$$\int_A X\mathrm{d}P=\int_A (X|Y)\mathrm{d}P, \quad \forall A\in\mathcal{U}(Y)$$

成立的 $\mathcal{U}(Y)$-可测的任意的随机变量. ♣

紧接着, 我们注意到: 重要的并不是 Y, 而是它生成的 σ-代数. 从而, 我们有如下定义.

定义 2.18

令 $(\Omega,\mathcal{U},P)$ 为一个概率空间, 假定 $\mathcal{V}$ 是 σ-代数, 且 $\mathcal{V}\subseteq\mathcal{U}$. 如果 $X:\Omega\to\mathbb{R}^n$ 是可积的随机变量, 我们定义

$$E(X|\mathcal{V})$$

为 Ω 上的任意的随机变量, 满足

(1) $E(X|\mathcal{V})$ 是 $\mathcal{V}$ 可积的;

(2) 对于任意的 $A\in\mathcal{V}$ 有 $\displaystyle\int_A XdP=\int_A (X|\mathcal{V})\mathrm{d}P$. ♣

解释 可以按照以下的方式理解 $E(X|\mathcal{V})$. 我们已知 σ-代数 $\mathcal{V}$ 的信息, 希望通过它估计随机变量 X 的值. 定义中, 条件 (1) 要求 $E(X|\mathcal{V})$ 必须是基于 $\mathcal{V}$ 中的信息构造的; 条件 (2) 要求我们的估计至少在对 $\mathcal{V}$ 的事件上的积分与 X 保持一致. 我们后面将看到, 这样定义的 $E(X|\mathcal{V})$ 具有许多良好的性质. □

注 不难验证:

(1) $E(X|Y)=E(X|\mathcal{U}(Y))$;

(2) $E(E(X|\mathcal{V}))=E(X)$;

(3) $E(X)=E(X|\omega)$, 其中 $\omega=\{\varnothing,\Omega\}$ 是平凡的 σ-代数. □

定理 2.9

令 X 是可积的随机变量, 则对每个 σ-代数 $\mathcal{V}\subset\mathcal{U}$, 除去 $\mathcal{V}$ 的零测集外, 条件期望 $E(X|\mathcal{V})$ 存在且唯一. ♡

该定理的证明要用到测度论中的一些新概念, 这里不再论述.

2.8.3 条件期望的定义方法 2

通过以下例子的启发, 我们考虑条件期望另一种定义方法: 闭子空间上的投影方法.

最小二乘法 现考虑 $V\in\mathbb{R}^n$ 为一个适当的子空间. 假设给定向量 $\boldsymbol{x}\in\mathbb{R}^n$, 最小二乘法是要我们找到一向量 $\boldsymbol{z}\in V$, 使得

$$|\ \boldsymbol{z}-\boldsymbol{x}\ |=\min_{\boldsymbol{y}\in V}|\ \boldsymbol{y}-\boldsymbol{x}\ |.$$

不难证明, 给定 $\boldsymbol{x}$ 时, 存在唯一的向量 $\boldsymbol{z}\in V$ 满足该最小值问题, 称之为 $\boldsymbol{x}$ 在 V 上的**投影**, 记

$$\boldsymbol{z}=\mathrm{proj}_V(\boldsymbol{x}). \tag{2.15}$$

如图 2.12 所示，现在我们想找一个等式来刻画 $\boldsymbol{z}$, 为此, 取另一向量 $\boldsymbol{\omega} \in V$. 定义

$$i(\tau) := |\boldsymbol{z} + \tau\boldsymbol{\omega} - \boldsymbol{x}|^2 .$$

由于对所有的 τ, $\boldsymbol{z} + \tau\boldsymbol{\omega} \in V$, 可以看出函数 $i(\cdot)$ 在 $\tau = 0$ 时取最小值. 因此, $0 = i'(0) = 2(\boldsymbol{z} - \boldsymbol{x}) \cdot \boldsymbol{\omega}$, 即

$$\boldsymbol{x} \cdot \boldsymbol{\omega} = \boldsymbol{z} \cdot \boldsymbol{\omega}, \quad \forall \boldsymbol{\omega} \in V. \tag{2.16}$$

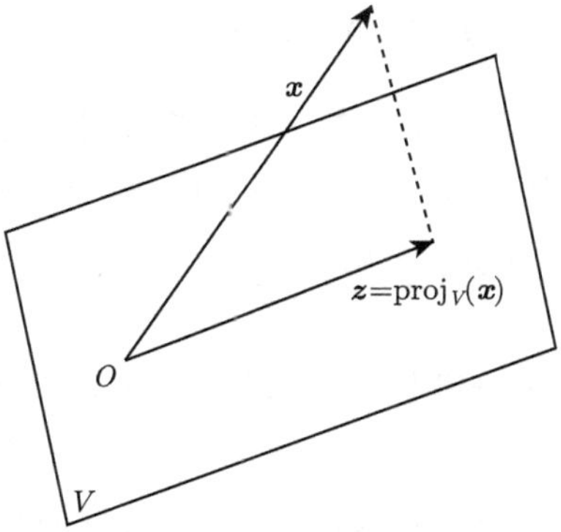

图 2.12

对此的几何解释是: "误差" $\boldsymbol{x} - \boldsymbol{z}$ 与子空间 V 垂直.

随机变量的投影 受到上述示例的启发, 我们重新考虑条件期望. 取线性空间 $L^2(\Omega) = L^2(\Omega, \mathcal{U})$, 它包含了所有实值的 $\mathcal{U}$-可测的随机变量 Y, 且

$$\|Y\| := \left(\int_\Omega Y^2 \mathrm{d}P\right)^{\frac{1}{2}} < \infty.$$

我们称 $\|Y\|$ 为 Y 的范数; 如果 $X, Y \in L^2(\Omega)$, 我们定义**内积**

$$(X, Y) := \int_\Omega XY \mathrm{d}P = E(XY).$$

接下来, 同前面一样, 选取 $\mathcal{V}$ 为 $\mathcal{U}$ 中的 σ-代数. 考虑

$$V := L^2(\Omega, \mathcal{V}),$$

其表示平方可积空间, 且其中的随机变量是 $\mathcal{V}$-可测的. 它是 $L^2(\Omega)$ 的一个闭子空间. 如果 $X \in L^2(\Omega)$, 我们可以定义它的**投影**

$$Z = \mathrm{proj}_V(\boldsymbol{x}), \tag{2.17}$$

这与在有限维的情况下的 (2.15) 是类似的. 如同 (2.16) 一样, 我们也可以证明

$$(X, W) = (Z, W), \quad \forall W \in V.$$

特别地, 选取 $W = \mathcal{X}_A, \forall A \in \mathcal{V}$, 按照内积的定义可得

$$\int_A X \mathrm{d}P = \int_A Z \mathrm{d}P, \quad \forall A \in \mathcal{V}.$$

由于 $Z \in V$ 是 $\mathcal{V}$-可测的, 可知实际上 Z 就是早先讨论过的 $E(X \mid \mathcal{V})$, 即

$$E(X \mid \mathcal{V}) = \mathrm{proj}_V(\boldsymbol{x}).$$

因此, 我们可以将最后一个等式作为条件期望的定义.

解释 这样做的意义很清楚: $Z = E(X \mid \mathcal{V})$ 解决了最小二乘法的问题

$$\|Z - X\| = \min_{Y \in V} \|Y - X\|.$$

这样 $E(X \mid \mathcal{V})$ 可以解释为 $\mathcal{V}$-可测的随机变量, 是 X 的最佳最小二乘近似. □

2.8.4 性质

现在, 我们已经完成了两个简介性的定义讨论, 接下来将更详细地研究条件期望.

定理 2.10 (条件期望的性质)

(1) 如果 X 是 $\mathcal{V}$-可测的, 则 $E(X \mid \mathcal{V}) = X$ a.s. 成立;

(2) 如果 a, b 是常数, $E(aX + bY|\mathcal{V}) = aE(X \mid \mathcal{V}) + bE(Y \mid \mathcal{V})$ a.s. 成立;

(3) 如果 X 是 $\mathcal{V}$-可测的, 且 XY 是可积的, 则 $E(XY \mid \mathcal{V}) = XE(Y \mid \mathcal{V})$ a.s. 成立;

(4) 如果 X 不依赖于 $\mathcal{V}$, 则 $E(X \mid \mathcal{V}) = E(X)$ a.s. 成立;

(5) 如果 $\mathcal{W} \subseteq \mathcal{V}$, 有

$$E(X \mid \mathcal{W}) = E(E(X \mid \mathcal{V}) \mid \mathcal{W}) = E(E(X \mid \mathcal{W}) \mid \mathcal{V});$$

(6) 若 $X \leqslant Y$, a.s. 成立, 则 $E(X \mid \mathcal{V}) \leqslant E(Y \mid \mathcal{V})$ a.s. 成立. ♡

证明 1. (1) 显然成立, 且 (2) 容易验证.

2. 由于 $E(XY \mid \mathcal{V})$ 的唯一性 a.s. 成立, 可知想要证明 (3), 只需证明

$$\int_A XE(Y \mid \mathcal{V}) \mathrm{d}P = \int_A XY \mathrm{d}P, \quad \forall A \in \mathcal{V}. \tag{2.18}$$

首先, 假设 $X=\sum_{i=1}^m b_i\mathcal{X}_{B_i}$, 其中 $B_i\in\mathcal{V}$, $i=1,\cdots,m$. 则

$$\int_A XE(Y\mid\mathcal{V})\mathrm{d}P=\sum_{i=1}^m b_i\underbrace{\int_{A\bigcap B_i}}_{\in\mathcal{V}}E(Y\mid\mathcal{V})\mathrm{d}P$$

$$=\sum_{i=1}^m b_i\int_{A\bigcap B_i}Y\mathrm{d}P=\int_A XY\mathrm{d}P.$$

这说明当 X 是简单随机变量时, (2.18) 成立. 一般的情况可由函数逼近得出.

3. 想要证明 (4), 只需证明 $\int_A E(X)\mathrm{d}P=\int_A X\mathrm{d}P$, $\forall A\in\mathcal{V}$ 均成立. 我们有

$$\int_A E(X)\mathrm{d}P=\int_\Omega\mathcal{X}_AX\mathrm{d}P=E(\mathcal{X}_AX)=E(X)P(A)=\int_A X\mathrm{d}P,$$

第三个等式由独立性得到.

4. 假设 $\mathcal{W}\subseteq\mathcal{V}$, 且 $A\in\mathcal{U}$. 由于 $A\in\mathcal{U}\subseteq\mathcal{V}$, 我们有

$$\int_A E(E(X\mid\mathcal{V})\mid\mathcal{W})\mathrm{d}P=\int_A E(X\mid\mathcal{V})\mathrm{d}P=\int_A X\mathrm{d}P.$$

因此, $E(X\mid\mathcal{W})=E(E(X\mid\mathcal{V})\mid\mathcal{W})$ a.s. 成立.

进一步地, (1) 还蕴含着 $E(E(X\quad\mathcal{W})\mid\mathcal{V})=E(X\mid\mathcal{W})$, 因为 $E(X\mid\mathcal{W})$ 是 $\mathcal{W}$-可测的, 也是 $\mathcal{V}$-可测的. (5) 得证.

5. 最后, 假设 $X\leqslant Y$, 由于

$$\int_A\big(E(Y\mid\mathcal{V})-E(X\mid\mathcal{V})\big)\mathrm{d}P=\int_A E(Y-X\mid\mathcal{V})\mathrm{d}P$$

$$=\int_A Y-X\mathrm{d}P\geqslant 0,$$

对所有的 $A\in\mathcal{U}$ 均成立. 取 $A:=\{E(Y\mid\mathcal{V})-E(X\mid\mathcal{V})\leqslant 0\}$, 有 $A\in\mathcal{V}$, 由前面不等式可知 $P(A)=0$. □

例题 2.27 设随机变量 X, Y 的方差均存在, 且满足 $E(Y\mid X)=X$, $E(X\mid Y)=Y$, 证明 $X=Y$ a.s..

由于

$$E(X-Y)^2=EX^2-2EXY+EY^2$$

$$=EX^2-2E[E(XY\mid X)]+EY^2\quad(\Leftarrow \text{定义 2.18 的注 (2)})$$

$$= EX^2 - 2E(XE(Y \mid X)) + EY^2 \quad (\Leftarrow \text{定理 2.10 的 (3)})$$
$$= EY^2 - EX^2.$$

同理, 如果对上式第二行改为作用 Y 的条件期望, 可得

$$E(X-Y)^2 = EX^2 - EY^2.$$

从而 $E(X-Y)^2 = 0$, 因此, $X = Y$ a.s.. □

引理 2.7 (条件 Jensen 不等式)

假设 $\Phi : \mathbb{R} \to \mathbb{R}$ 是凸函数, 满足 $E(|\Phi(X)|) < \infty$, 则

$$\Phi(E(X \mid \mathcal{V})) \leqslant E(\Phi(X) \mid \mathcal{V}).$$

♡

证明留给读者当作练习.

2.9 鞅

2.9.1 定义

假设 $Y_1, Y_2, \cdots$ 是独立的实值随机变量序列, 满足

$$E(Y_i) = 0 \quad (i = 1, 2, \cdots),$$

定义和 $S_n := Y_1 + Y_2 + \cdots + Y_n$.

在给定 $S_1, S_2, \cdots, S_n$ 的值时, 对 S_{n+k} 的最佳估计值是多少? 答案如下:

$$\begin{aligned}
&E(S_{n+k} \mid S_1, \cdots, S_n) \\
&= E(Y_1 + \cdots + Y_n \mid S_1, \cdots, S_n) + E(Y_{n+1} + \cdots + Y_{n+k} | S_1, \cdots, S_n) \\
&= Y_1 + \cdots + Y_n + \underbrace{E(Y_{n+1} + \cdots + Y_{n+k})}_{=0} = S_n.
\end{aligned} \tag{2.19}$$

因此, 基于 n 之前的历史数据, S_n 是对"未来值" S_{n+k} 的最佳估计值.

如果我们把 Y_i 解释为"公平"的赌博游戏中在 i 时刻的收益, 则 S_n 表示在 n 时刻的总收益. 上述计算表明在任何时间点, 一个人在考虑到迄今为止的盈利的情况下, 未来预期的盈利就是当前的资金数额. 因此, (2.19) 刻画了一场"公平"的游戏.

我们将这些想法融入到一个正规的定义中.

定义 2.19

令 $X_1, X_2, \cdots, X_n, \cdots$ 为实值随机变量序列, 满足 $E(| X_i |) < \infty$, $(i = 1, 2, \cdots)$. 如果

$$X_k = E(X_j \mid X_1, \cdots, X_k) \text{ a.s.}, \quad \forall j \geqslant k,$$

我们称 $\{X_i\}_{i=1}^{\infty}$ 是一个 (离散) 鞅. ♣

定义 2.20

令 $X(\cdot)$ 是一个实值随机过程, 则

$$\mathcal{U}(t) := \mathcal{U}(X(s) \mid 0 \leqslant s \leqslant t),$$

即, 由 $X(s), (0 \leqslant s \leqslant t)$ 生成的 σ-代数, 被称为这一过程直至 (包含) 时间 $t \geqslant 0$ 时的历史. ♣

定义 2.21

令 $X(\cdot)$ 是一个随机过程, 满足 $E(| X(t) |) < \infty, \forall t \geqslant 0$.

(1) 如果

$$X(s) = E(X(t) \mid \mathcal{U}(s)) \text{ a.s.}, \quad \forall t \geqslant s \geqslant 0,$$

则称 $X(\cdot)$ 为鞅.

(2) 如果

$$X(s) \leqslant E(X(t) \mid \mathcal{U}(s)) \text{ a.s.}, \quad \forall t \geqslant s \geqslant 0,$$

则称 $X(\cdot)$ 为下鞅. ♣

例题 2.28 令 $W(\cdot)$ 是将在第 3 章中定义的一维的布朗运动, 则

$W(\cdot)$ 是一个鞅.

为了理解这一点, 令 $t \geqslant s$, 记 $\mathcal{W}(t) := \mathcal{U}(W(s) \mid 0 \leqslant s \leqslant t)$, 则

$$\begin{aligned} E(W(t) \mid \mathcal{W}(s)) =& E(W(t) - W(s) \mid \mathcal{W}(s)) + E(W(s) \mid \mathcal{W}(s)) \\ =& E(W(t) - W(s)) + W(s) = W(s) \text{ a.s..} \end{aligned}$$

(读者在读完第 3 章后可以再回顾这里的计算.) □

例题 2.29 假设 $Y_1, Y_2, \cdots$ 是独立的随机变量序列, 且 $E(Y_i) = m > 0$,

$E(|Y_i|) < \infty$, $i = 1, 2, \cdots$, 令 $S_n = \sum_{i=1}^{n} Y_i$, 则对任意的整数 $k > 0$, 有

$$\begin{aligned}&E(S_{n+k}|S_1, \cdots, S_n)\\&= E(Y_1 + \cdots + Y_n|S_1, S_2, \cdots, S_n) + E(Y_{n+1} + \cdots + Y_{n+k}|S_1, S_2, \cdots, S_n)\\&= Y_1 + \cdots + Y_n + E(Y_{n+1} + \cdots + Y_{n+k})\\&= S_n + km.\end{aligned}$$

从而,

$$S_n < E(S_{n+k}|S_1, S_2, \cdots, S_n).$$

因此, S_n 是下鞅. □

引理 2.8

假设 $X(\cdot)$ 是一个实值鞅, 且 $\Phi : \mathbb{R} \to \mathbb{R}$ 是凸函数. 如果 $E(| X(t) |) < \infty$, $\forall t \geqslant 0$, 则

$$\Phi(X(\cdot)) \text{ 是一个下鞅.}$$ ♡

证明会用到 Jensen 不等式, 这里不再给出.

2.9.2 鞅不等式

鞅之所以为概率论中一个重要的概念, 是因为它有以下良好的估计性质.

定理 2.11 (离散鞅不等式)

(1) 如果 $\{X_n\}_{n=1}^{\infty}$ 是一个下鞅, 则

$$P(\max_{1 \leqslant k \leqslant n} X_k \geqslant \lambda) \leqslant \frac{1}{\lambda} E(X_n^+),$$

对任意的 $n = 1, 2, \cdots$, 以及 $\lambda > 0$ 均成立.

(2) 如果 $\{X_n\}_{n=1}^{\infty}$ 是一个鞅, 则

$$E(\max_{1 \leqslant k \leqslant n} | X_k |^p) \leqslant \left(\frac{p}{p-1}\right)^p E(| X_n |^p),$$

对任意的 $n = 1, 2, \cdots$ 和 $1 < p < \infty$ 均成立. ♡

证明见附录 B. 注意到 (1) 是 Chebyshev 不等式的一个推广.

我们还可以将这些估计推广到时间连续鞅.

定理 2.12 (鞅不等式)

令 $X(\cdot)$ 是对样本路径 a.s. 连续的随机过程.

(1) 如果 $X(\cdot)$ 是一个下鞅, 则

$$P(\max_{1\leqslant s\leqslant t} X_s \geqslant \lambda) \leqslant \frac{1}{\lambda}E(X_t^+),$$

对任意的 $t \geqslant 0$, 以及 $\lambda > 0$ 均成立.

(2) 如果 $X(\cdot)$ 是一个鞅, $1 < p < \infty$, 则

$$E(\max_{1\leqslant s\leqslant t} | X_s |^p) \leqslant \left(\frac{p}{p-1}\right)^p E(| X_t |^p),$$

对任意的 $t \geqslant 0$ 和 $1 < p < \infty$ 均成立. ♡

证明概述 假设 $X(\cdot)$ 是一个下鞅, 令 $\lambda > 0$, $t > 0$, 选取 $0 = t_0 < t_1 < \cdots < t_n = t$. 容易验证 $\{X(t_i)\}_{i=1}^n$ 是一个下鞅, 应用离散的鞅不等式之后, 选择充分小的时间段 $[0, t]$ 并取极限.

类似地, 可以证明 (2). □

第 2 章练习

1. (i) 令 $(\Omega, \mathcal{U}, P)$ 为概率空间, $A_1 \subseteq A_2 \subseteq \cdots \subseteq A_n \subseteq \cdots$ 为事件序列, 证明

$$P\left(\bigcup_{n=1}^{\infty} A_n\right) = \lim_{m\to\infty} P(A_m).$$

(提示: 考虑互斥事件序列 $B_n := A_{n+1} - A_n$.)

(ii) 类似地, 如果 $A_1 \supseteq A_2 \supseteq \cdots \supseteq A_n \supseteq \cdots$, 证明

$$P\left(\bigcap_{n=1}^{\infty} A_n\right) = \lim_{m\to\infty} P(A_m).$$

2. 设 Ω 是任意集合, $\mathcal{A}$ 是 Ω 任意子集构成的集族. 证明存在 Ω 的子集的包含 $\mathcal{A}$ 最小的唯一 σ-代数 $\mathcal{U}$. (提示: 取包含 $\mathcal{A}$ 的所有 σ-代数的交集.)

3. 证明概率的**加法公式**, 即给定任意事件序列 $A_1, A_2, \cdots, A_n$, 有

$$P\left(\bigcup_{i=1}^{n} A_i\right) = \sum_{i=1}^{n} P(A_i) - \sum_{1\leqslant i<j\leqslant n} P(A_i \cap A_j)$$

$$+\sum_{1\leqslant i<j<k\leqslant n} P\left(A_i\cap A_j\cap A_k\right)$$

$$-\cdots+(-1)^{n-1}P\left(A_1\cap A_2\cap\cdots\cap A_n\right).$$

(提示: 先证明 $n=2$ 的情形, 再通过归纳总结.)

4. 设 $X=\sum_{i=1}^{k}a_i\chi_{A_i}$ 是一个简单随机变量, 其中实数 a_i 是给定的, 事件 A_i 是两两不相交的, 且 $\Omega=\bigcup_{i=1}^{k}A_i$. 设 $\mathcal{U}(X)$ 是一个由 X 生成的 σ-代数.

(i) 精确地描述在 $\mathcal{U}(X)$ 中的集合;

(ii) 假定随机变量 Y 是 $\mathcal{U}(X)$-可测的, 证明 Y 在每个集合 A_i 上是常数;

(iii) 证明 Y 能被写成关于 X 的函数.

5. 证明

$$\int_{-\infty}^{+\infty}\mathrm{e}^{-x^2}\mathrm{d}x=\sqrt{\pi},\quad \frac{1}{\sqrt{2\pi\sigma^2}}\int_{-\infty}^{+\infty}x\mathrm{e}^{-\frac{(x-m)^2}{2\sigma^2}}\mathrm{d}x=m,$$

$$\frac{1}{\sqrt{2\pi\sigma^2}}\int_{-\infty}^{+\infty}(x-m)^2\mathrm{e}^{-\frac{(x-m)^2}{2\sigma^2}}\mathrm{d}x=\sigma^2.$$

6. (i) 假设 A 和 B 是某个概率空间中的独立事件. 证明 A^c 和 B 也是独立的. 同样证明 A^c 和 B^c 也是独立的.

(ii) 设 $A_1,A_2,\cdots,A_m$ 是不相交事件, 每个事件的概率都是正的, 使得 $\Omega=\bigcup_{j=1}^{m}A_j$. 证明 **Bayes (贝叶斯) 公式**:

$$P(A_k|B)=\frac{P(B|A_k)P(A_k)}{\sum_{j=1}^{m}P(B|A_j)P(A_j)}\quad (k=1,\cdots,m),$$

如果 $P(B)>0$.

7. 假设我们有三张卡片: 一张两面都是红色, 一张一面是红色一面是白色, 一张两面都是白色.

(i) 随机选择一张卡片, 然后随机选择它的一面. 它是红色的概率是多少?

(ii) 已知卡片的一面是红色, 另一面也是红色的概率是多少?

8. 2023 年秋季, 105 名女性进行了某高校的入学申请, 其中 76 人被接收. 400 名男性申请, 接收了 230 名. 2024 年春季, 300 名女性申请, 接收 100 名, 112 名男性申请, 接收了其中的 21 名.

计算:

(a) 秋季女性申请被接收的概率;

(b) 秋季男性申请被接收的概率;

(c) 春季女性申请被接收的概率;

(d) 春季男性申请被接收的概率;

现在考虑两个学期的全部申请人数, 计算:

(e) 女性申请被接收的概率;

(f) 男性申请被接收的概率.

这所大学的录取政策偏向女性还是男性?

9. 设 X 是一个实值的 $N(0,1)$ 随机变量, 并且令 $Y := X^2$, 计算 Y 的分布的密度函数 g. (提示: 对于所有的 a, 必须找到 g 使得 $P(-\infty < Y \leqslant a) = \int_{-\infty}^{a} g\mathrm{d}y$.)

10. 取 $\Omega = [0,1] \times [0,1]$, $\mathcal{U}$ 为 Borel 集且 P Lebesgue 可测. 设 $g : [0,1] \to \mathbb{R}$ 是一个连续函数, 定义随机变量

$$X_1(\omega) := g(x_1),\ X_2(\omega) := g(x_2),\ 当\ \omega = (x_1, x_2) \in \Omega\ 时.$$

证明 X_1 和 X_2 是独立同分布的.

11. 设 $f : [0,1] \to \mathbb{R}$ 是连续的. 定义 Bernstein (伯恩斯坦) 多项式

$$b_n(x) := \sum_{k=0}^{n} f\left(\frac{k}{n}\right) \begin{pmatrix} k \\ n \end{pmatrix} x^k (1-x)^{n-k}.$$

根据下面步骤给出的细节证明 $n \to \infty$ 时, 在 $[0,1]$ 上 $b_n \to f$ 是一致的.

(i) 因为 f 是一致连续的, 对每个 $\varepsilon > 0$, 存在 $\delta(\varepsilon) > 0$, 如果 $|x-y| \leqslant \delta(\varepsilon)$ 使得 $|f(x) - f(y)| \leqslant \varepsilon$;

(ii) 给定 $x \in [0,1]$, 取独立的随机变量序列 X_k 使得 $P(X_k = 1) = x$, $P(X_k = 0) = 1 - x$. 记 $S_n = X_1 + \cdots + X_n$, 则 $b_n(x) = E\left(f\left(\frac{S_n}{n}\right)\right)$.

(iii) 因此

$$\begin{aligned}|b_n(x) - f(x)| \leqslant & E\left(\left|f\left(\frac{S_n}{n}\right) - f(x)\right|\right) \\ = & \int_A \left|f\left(\frac{S_n}{n}\right) - f(x)\right| \mathrm{d}P + \int_{A^c} \left|f\left(\frac{S_n}{n}\right) - f(x)\right| \mathrm{d}P,\end{aligned}$$

其中 $A = \left\{\omega \in \Omega \,\middle|\, \left|\frac{S_n}{n} - x\right| \leqslant \delta(\varepsilon)\right\}$.

(iv) 接着证明

$$|b_n(x) - f(x)| \leqslant \varepsilon + \frac{2M}{\delta(\varepsilon)^2} V\left(\frac{S_n}{n}\right) = \varepsilon + \frac{2M}{n\delta(\varepsilon)^2} V(X_1),$$

其中 $M = \max|f|$, 得出 $b_n \to f$ 是一致的.

12. 设 X 和 Y 是独立的随机变量, 假定 f_X 和 f_Y 是 X, Y 的密度函数. 证明 $X+Y$ 的密度函数是

$$f_{X+Y}(z)=\int_{-\infty}^{+\infty} f_X(z-y)f_Y(y)\mathrm{d}y.$$

(提示: 如果 $g:\mathbb{R}\to\mathbb{R}$, 我们有

$$E(g(X+Y))=\int_{-\infty}^{+\infty}\int_{-\infty}^{+\infty} f_{X,Y}(x,y)g(x+y)\mathrm{d}x\mathrm{d}y,$$

这里 $f_{X,Y}$ 是 X, Y 的联合密度函数.)

13. 设 X 和 Y 是两个独立的正的随机变量, 具有密度函数

$$f(x)=\begin{cases}\mathrm{e}^{-x}, & x>0,\\ 0, & x\leqslant 0,\end{cases}$$

找到 $X+Y$ 的密度函数.

14. 证明对每个连续函数 f,

$$\lim_{n\to\infty}\int_0^1\int_0^1\cdots\int_0^1 f\left(\frac{x_1+\cdots+x_n}{n}\right)\mathrm{d}x_1\mathrm{d}x_2\cdots\mathrm{d}x_n=f\left(\frac{1}{2}\right).$$

(提示: $P\left(\left|\dfrac{x_1+\cdots+x_n}{n}-\dfrac{1}{2}\right|>\varepsilon\right)\leqslant\dfrac{1}{\varepsilon^2}V\left(\dfrac{x_1+\cdots+x_n}{n}\right)=\dfrac{1}{12\varepsilon^2 n}$.)

15. 证明:

(i) $E(E(X|\mathcal{V}))=E(X)$;

(ii) $E(X)=E(X|\mathcal{W})$, 这里 $\mathcal{W}=\{\varnothing,\Omega\}$ 是平凡的 σ-代数.

16. 设 $X_1,X_2,\cdots,X_n$ 独立同分布, 且 $P(X_i=-1)=p$, $P(X_i=1)=q$, $i=1,2,\cdots,n$. 令 $S_n=X_1+X_2+\cdots+X_n$, $S_0=0$, 求 $E(S_3\mid S_2)$ 的分布, 并证明 $E(S_{n+1}\mid S_n)=S_n+(p-q)$.

17. 设 X, Y 是两个实值的随机变量, 且假定它们的联合分布函数有密度函数 $f(x,y)$, 证明

$$E(X|Y)=\Phi(Y)\ \text{a.s.},$$

其中

$$\Phi(y)=\frac{\displaystyle\int_{-\infty}^{+\infty} xf(x,y)\mathrm{d}x}{\displaystyle\int_{-\infty}^{+\infty} f(x,y)\mathrm{d}x}.$$

(提示: $\Phi(Y)$ 是 Y 的函数, 所以是 $\mathcal{U}(Y)$-可测的. 因此, 我们必须证明

$$\int_A X\mathrm{d}P = \int_A \Phi(Y)\mathrm{d}P, \text{ 对所有的 } A \in \mathcal{U}(Y). \tag{$*$}$$

现在 $A = Y^{-1}(B)$ 对 $\mathbb{R}$ 中的某个 Borel 子集. 因此 $(*)$ 的左边是

$$\int_A X\mathrm{d}P = \int_\Omega \chi_B(Y)X\mathrm{d}P = \int_{-\infty}^{+\infty}\int_B xf(x,y)\mathrm{d}y\mathrm{d}x. \tag{$**$}$$

$(*)$ 的右边是

$$\int_A \Phi(Y)\mathrm{d}P = \int_{-\infty}^{+\infty}\int_B \Phi(y)f(x,y)\mathrm{d}y\mathrm{d}x,$$

等于 $(**)$ 的右边.)

18. 一个光滑函数 $\Phi:\mathbb{R}\to\mathbb{R}$ 称为**凸函数**, 如果 $\Phi''(x)\geqslant 0$, 对所有的 $x\in\mathbb{R}$.

(i) 证明如果 Φ 是凸的, 则

$$\Phi(y) \geqslant \Phi(x) + \Phi'(x)(y-x), \quad \text{对所有的 } x, y \in \mathbb{R}.$$

(ii) 证明

$$\Phi\left(\frac{x+y}{2}\right) \leqslant \frac{1}{2}\Phi(x) + \frac{1}{2}\Phi(y), \quad \text{对所有的 } x, y \in \mathbb{R}.$$

(iii) 一个光滑函数 $\Phi:\mathbb{R}^n\to\mathbb{R}$ 称为凸的, 如果矩阵 $((\Phi_{x_ix_j}))$ 是非负的, 对任意的 $\boldsymbol{x}\in\mathbb{R}^n$. (这意味着 $\sum_{i,j=1}^n \Phi_{x_ix_j}\xi_i\xi_j \geqslant 0$, 对所有的 $\boldsymbol{\xi}\in\mathbb{R}^n$.) 证明

$$\Phi(\boldsymbol{y}) \geqslant \Phi(\boldsymbol{x}) + \mathrm{D}\Phi(\boldsymbol{x})\cdot(\boldsymbol{y}-\boldsymbol{x}), \text{ 且 } \Phi\left(\frac{\boldsymbol{x}+\boldsymbol{y}}{2}\right) \leqslant \frac{1}{2}\Phi(\boldsymbol{x}) + \frac{1}{2}\Phi(\boldsymbol{y}),$$

对所有的 $\boldsymbol{x}, \boldsymbol{y}\in\mathbb{R}^n$. (这里 “D” 表示梯度.)

19. (i) 证明 Jensen 不等式:

$$\Phi(E(X)) \leqslant E(\Phi(X)),$$

对随机变量 $X:\Omega\to\mathbb{R}$, 这里 Φ 是凸的. (提示: 运用上一个习题的结论 (iii).)

(ii) 证明条件 Jensen 不等式:

$$\Phi(E(X|\mathcal{V})) \leqslant E(\Phi(X)|\mathcal{V}).$$

20. 假定 $X(\cdot)$ 是一个实值鞅且 $\Phi:\mathbb{R}\to\mathbb{R}$ 是凸的, 同样假定 $E(|\Phi(X(t))|) < \infty$, 对任意的 $t\geqslant 0$. 证明

$$\Phi(X(\cdot)) \text{ 是一个下鞅}.$$

(提示: 用条件 Jensen 不等式.)

第 3 章　布朗运动和白噪声

内容提要

- 动机
- 定义、基本性质
- 构造布朗运动
- 样本路径
- Markov 性

3.1　动机

3.1.1　溯源

在 1826 ~ 1827 年间, 观察花粉在水中的不规则的运动时, 布朗和同伴们注意到

- 给定粒子的运动路径很不规律;
- 两个不同的粒子的运动是独立的.

1900 年, L. Bachelier (巴舍利耶) 试图用数学的方法来描述股票价格的波动, 并首次得到了一些结果. A. Einstein (爱因斯坦) 在 1905 年进行了重新推导和扩展.

Einstein 采用了如下方式研究布朗运动: 考虑一个长而细的管道, 在内部装满水, 在 $t=0$ 时刻向管中注入一滴墨水, 此时记位置为 $x=0$. 用 $u(x,t)$ 表示在 $t\geqslant 0$ 时刻位于 $x\in\mathbb{R}$ 时的墨水粒子的密度. 在初始状态, 我们有

$$u(x,0)=\delta_0,\quad \text{墨水此时聚集在 0 处.}$$

接着, 假设该墨水粒子在很小的时间 τ 内, 从 x 移动到 $x+y$ 概率密度函数为 $f(y,\tau)$. 则

$$\begin{aligned}u(x,t+\tau)&=\int_{-\infty}^{+\infty}u(x-y,t)f(y,\tau)\mathrm{d}y\\&=\int_{-\infty}^{+\infty}\left(u-u_xy+\frac{1}{2}u_{xx}y^2+\cdots\right)f(y,\tau)\mathrm{d}y,\end{aligned}\tag{3.1}$$

这里, 我们使用下标表示偏导数: $u_x=\dfrac{\partial u}{\partial x}$, $u_{xx}=\dfrac{\partial^2 u}{\partial x^2}$.

由于 f 是概率密度函数, 所以 $\int_{-\infty}^{+\infty} f\mathrm{d}y = 1$. 由对称性, 知 $f(-y,\tau) = f(y,\tau)$, 因此, $\int_{-\infty}^{+\infty} yf\mathrm{d}y = 0$. 进一步, 我们假设方差 $\int_{-\infty}^{+\infty} y^2 f\mathrm{d}y$ 关于 τ 是线性的, 即存在某常数 $D > 0$, 使得

$$\int_{-\infty}^{+\infty} y^2 f\mathrm{d}y = D\tau.$$

我们将这些等式代入 (3.1), 可得

$$\frac{u(x,t+\tau)-u(x,t)}{\tau} = \frac{D}{2}u_{xx}(x,t) + \{\text{高阶项}\}.$$

令 $\tau \to 0$, 有

$$u_t = \frac{D}{2}u_{xx},$$

其中 $u_t = \frac{\partial u}{\partial t}$. 这就是**扩散方程**, 也是人们所熟悉的**热方程**. 如果该偏微分方程带有初值条件 $u(x,0) = \delta_0$, 则方程有解

$$u(x,t) = \frac{1}{(2\pi Dt)^{1/2}}\mathrm{e}^{-\frac{x^2}{2Dt}}.$$

这说明, 对于某些常数 D, t 时刻的**概率密度**为 $N(0, Dt)$.

事实上, Einstein 已经计算出

$$D = \frac{RT}{N_A f}, \quad \text{其中} \begin{cases} R\text{为 gas 常数;} \\ T\text{为绝对温度;} \\ f\text{为摩擦系数;} \\ N_A\text{为 Avogadro (阿伏伽德罗) 常数.} \end{cases}$$

基于该等式, 以及布朗运动的可观测性, J. Perrin 计算了 N_A 的值 ($\approx 6 \times 10^{23}$), 并且为建立物质的原子理论提供了帮助.

1920 年, N. Wiener (维纳) 将这一理论建立在数学的框架下. 我们将在 3.3 节 ~ 3.5 节中阐述他的核心数学思想.

3.1.2 随机游走

Einstein 理论的一个变形如下:

我们引入

$$\{(m\Delta x, n\Delta t) | m = 0, \pm 1, \pm 2, \cdots; n = 0, 1, 2, \cdots\}$$

组成的一个二维的长方形格. 考虑粒子从 $x = 0$, $t = 0$ 处开始, 且每隔 $n\Delta t$ 的时间有 $\frac{1}{2}$ 的概率向左移动 Δx, 也有 $\frac{1}{2}$ 的概率向右移动 Δx, 并在时间 $(n+1)\Delta t$ 到达新位置. 令 $p(m,n)$ 为粒子在 $n\Delta t$ 时刻处于 $m\Delta x$ 位置的概率, 则

$$p(m,0) = \begin{cases} 0, & m \neq 0, \\ 1, & m = 0, \end{cases}$$

并且有

$$p(m,n+1) = \frac{1}{2}p(m-1,n) + \frac{1}{2}p(m+1,n),$$

因此

$$p(m,n+1) - p(m,n) = \frac{1}{2}(p(m+1,n) - 2p(m,n) + p(m-1,n)).$$

现假设空间和时间的比例

$$\frac{(\Delta x)^2}{\Delta t} = D, \quad D \text{ 为正常数}.$$

这表明

$$\frac{p(m,n+1) - p(m,n)}{\Delta t} = \frac{D}{2}\frac{p(m+1,n) - 2p(m,n) + p(m-1,n)}{(\Delta x)^2}.$$

令 $\Delta t \to 0$, $\Delta x \to 0$, $m\Delta x \to x$, $m\Delta t \to t$, 且 $\frac{(\Delta x)^2}{\Delta t} \equiv D$, 则有 $p(m,n) \to u(x,t)$, 我们将其解释为粒子在 t 时刻在 x 位置的概率密度函数. 上面差分方程在取完极限后变为

$$u_t = \frac{D}{2}u_{xx},$$

这样, 我们就又得到了扩散方程.

3.1.3 数学验证

利用 Laplace-De Moivre 定理可以更细致地研究格点上的随机游走并推导极限状态.

同上一小节一样, 我们假设粒子向左或右移动 Δx 距离的概率均为 1/2. 令 $X(t)$ 表示粒子在 $t = n\Delta t$ $(n = 0, 1, \cdots)$ 时刻的位置. 定义

$$S_n := \sum_{i=1}^{n} X_i,$$

其中 X_i 是独立的随机变量, 且满足

$$\begin{cases} P(X_i = 0) = 1/2, \\ P(X_i = 1) = 1/2. \end{cases}$$

这里 $i = 1, 2, \cdots$, 则 $V(X_i) = \dfrac{1}{4}$.

根据定义, S_n 可以表示到 $t = n\Delta t$ 时刻向右移动的格子数. 因此

$$X(t) = S_n\Delta x + (n - S_n)(-\Delta x) = (2S_n - n)\Delta x,$$

且

$$\begin{aligned} V(X(t)) &= (\Delta x)^2 V(2S_n - n) \\ &= (\Delta x)^2 4V(S_n) = (\Delta x)^2 4nV(X_1) \\ &= (\Delta x)^2 n = \frac{(\Delta x)^2}{\Delta t} t. \end{aligned}$$

再次假设 $\dfrac{(\Delta x)^2}{\Delta t} = D$, 则

$$X(t) = (2S_n - n)\Delta x = \left(\frac{S_n - \dfrac{n}{2}}{\sqrt{\dfrac{n}{4}}} \right) \sqrt{n}\Delta x = \left(\frac{S_n - \dfrac{n}{2}}{\sqrt{\dfrac{n}{4}}} \right) \sqrt{tD},$$

由 Laplace-De Moivre 定理可得

$$\begin{aligned} \lim_{n\to\infty} P(a \leqslant X(t) \leqslant b) &= \lim_{n\to\infty} \left(\frac{a}{\sqrt{tD}} \leqslant \frac{S_n - \dfrac{n}{2}}{\sqrt{\dfrac{n}{4}}} \leqslant \frac{b}{\sqrt{tD}} \right) \\ &= \frac{1}{\sqrt{2\pi}} \int_{\frac{a}{\sqrt{tD}}}^{\frac{b}{\sqrt{tD}}} \mathrm{e}^{-\frac{x^2}{2}} \mathrm{d}x \\ &= \frac{1}{\sqrt{2\pi Dt}} \int_a^b \mathrm{e}^{-\frac{x^2}{2Dt}} \mathrm{d}x. \end{aligned}$$

这样我们在严格的数学理论下, 得到了 $N(0, Dt)$ 分布.

3.2 布朗运动的定义、基本性质

3.2.1 布朗运动的定义

在前面的推导思路的启发下, 现在我们引入布朗运动, 其中取上述的 $D=1$.

定义 3.1

若一个实值随机过程 $W(\cdot)$ 满足
(1) $W(0)=0$ a.s.;
(2) $W(t)-W(s)$ 是 $N(0,t-s)$ 的随机变量, 对于所有的 $t\geqslant s\geqslant 0$ 都成立;
(3) 对于任意的 $0<t_1<t_2<\cdots<t_n$, 随机变量 $W(t_1), W(t_2)-W(t_1),\cdots,W(t_n)-W(t_{n-1})$ 是独立的, 则称 $W(\cdot)$ 为布朗运动或 Wiener 过程. ♣

中心极限定理为我们定义布朗运动提供了进一步的动机, 因为可以预期, 任何适当缩放的独立随机扰动对运动粒子位置的影响, 其总和将呈现出高斯正态分布.

3.2.2 联合概率的计算

从定义 3.1 中看出, 如果 $W(\cdot)$ 是一布朗运动, 则 $W(t)$ 是 $N(0,t)$ 的随机变量, 且对任意的 $t>0$ 和 $a\leqslant b$, 有

$$P(a\leqslant W(t)\leqslant b)=\frac{1}{\sqrt{2\pi t}}\int_a^b \mathrm{e}^{-\frac{x^2}{2t}}\mathrm{d}x.$$

假设选取时间 $0<t_1<t_2<\cdots<t_n$, 实数 $a_i\leqslant b_i$, $i=1,\cdots,n$, 那么联合概率

$$P(a_1\leqslant W(t_1)\leqslant b_1,\cdots,a_n\leqslant W(t_n)\leqslant b_n)$$

是多少? 换而言之, 布朗运动的样本路径在时刻 t_i 的取值介于 a_i, b_i $(i=1,\cdots,n)$ 之间的概率是多少 (图 3.1)?

可以猜测一下. 我们知道

$$P(a_1\leqslant W(t_1)\leqslant b_1)=\int_{a_1}^{b_1}\frac{\mathrm{e}^{-\frac{x_1^2}{2t_1}}}{\sqrt{2\pi t_1}}\mathrm{d}x_1,$$

且给定 $W(t_1)=x_1$, $a_1\leqslant x_1\leqslant b_1$, 可以推测在 $[t_1,t_2]$ 的时间间隔中这一过程是 $N(x_1,t_2-t_1)$ 的. 因此, 在给定 $W(t_1)=x_1$ 时, $a_2\leqslant W(t_2)\leqslant b_2$ 的概率应该等于

$$\int_{a_2}^{b_2}\frac{1}{\sqrt{2\pi(t_2-t_1)}}\mathrm{e}^{-\frac{|x_2-x_1|^2}{2(t_2-t_1)}}\mathrm{d}x_2.$$

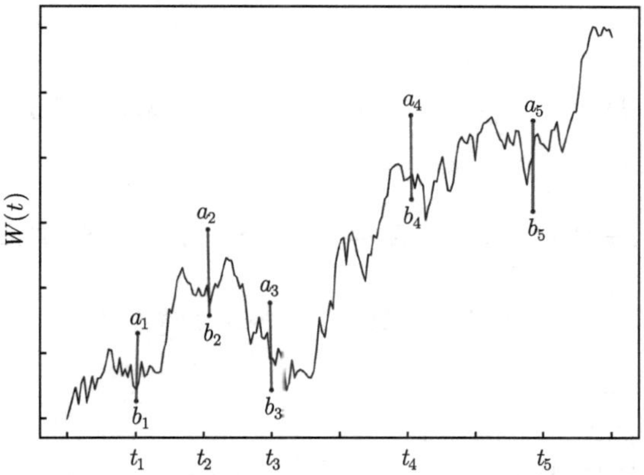

在时刻 t_i 取值介于 a_i, b_i 的一条样本路径

图 3.1

从而, 应该有

$$P(a_1 \leqslant W(t_1) \leqslant b_1, a_2 \leqslant W(t_2) \leqslant b_2) = \int_{a_1}^{b_1} \int_{a_2}^{b_2} g(x_1, t_1|0) g(x_2, t_2 - t_1|x_1) \mathrm{d}x_2 \mathrm{d}x_1,$$

其中

$$g(x, t|y) := \frac{1}{\sqrt{2\pi t}} \mathrm{e}^{-\frac{(x-y)^2}{2t}}.$$

进而可以猜测

$$\begin{aligned} &P(a_1 \leqslant W(t_1) \leqslant b_1, \cdots, a_n \leqslant W(t_n) \leqslant b_n) \\ =& \int_{a_1}^{b_1} \cdots \int_{a_n}^{b_n} g(x_1, t_1|0) g(x_2, t_2 - t_1|x_1) \cdots g(x_n, t_n - t_{n-1}|x_{n-1}) \mathrm{d}x_n \cdots \mathrm{d}x_1. \end{aligned} \tag{3.2}$$

下面验证并且扩展这一等式.

定理 3.1

令 $W(t)$ 是一维的布朗运动, 则对所有的正整数 n, 所有的时间点 $0 = t_0 < t_1 < t_2 < \cdots < t_n$, 以及任意函数 $f: \mathbb{R}^n \to \mathbb{R}$, 我们有

$$\begin{aligned} &Ef(W(t_1), \cdots, W(t_n)) \\ =& \int_{-\infty}^{+\infty} \cdots \int_{-\infty}^{+\infty} f(x_1, \cdots, x_n) g(x_1, t_1|0) \\ &\cdot g(x_2, t_2 - t_1|x_1) \cdots g(x_n, t_n - t_{n-1}|x_{n-1}) \mathrm{d}x_n \cdots \mathrm{d}x_1. \end{aligned}$$

♡

选取

$$f(x_1,\cdots,x_n)=\mathcal{X}_{[a_1,b_1]}(x_1)\cdots\mathcal{X}_{[a_n,b_n]}(x_n),$$

就可以得到 (3.2).

证明 记 $X_i:=W(t_i),Y_i:=X_i-X_{i-1},i=1,\cdots,n$, 并且令

$$h(y_1,y_2,\cdots,y_n):=f(y_1,y_1+y_2,\cdots,y_1+\cdots+y_n),$$

则

$$\begin{aligned}&Ef(W(t_1),\cdots,W(t_n))\\=&Eh(Y_1,\cdots,Y_n)\\=&\int_{-\infty}^{+\infty}\cdots\int_{-\infty}^{+\infty}h(y_1,y_2,\cdots,y_n)g(y_1,t_1|0)\cdots g(y_n,t_n-t_{n-1}|0)\mathrm{d}y_n\cdots\mathrm{d}y_1\\=&\int_{-\infty}^{+\infty}\cdots\int_{-\infty}^{+\infty}f(x_1,x_2,\cdots,x_n)g(x_1,t_1|0)\cdots g(x_n,t_n-t_{n-1}|x_{n-1})\mathrm{d}x_n\cdots\mathrm{d}x_1.\end{aligned}$$

对于上式中的第二个等式, 我们回想到随机变量 $Y_i=W(t_i)-W(t_{i-1})$ 是相互独立的, $i=1,\cdots,n$, 并且每个 Y_i 是 $N(0,t_i-t_{i-1})$ 的随机变量. 我们做变量代换 $y_i=x_i-x_{i-1}$, $i=1,\cdots,n$, 且 $x_0=0$. 注意到这个变换的 Jacobi (雅可比) 行列式等于 1, 从而第二个等式成立. □

例题 3.1 设 $W(t)$, $t\geqslant 0$ 为一维的布朗运动, 计算 $P\{W(1)\leqslant 0\}$ 和 $P\{W(1)\leqslant 0,W(2)\leqslant 0\}$.

由于 $W(1)$ 是 $N(0,1)$ 的随机变量, 所以 $P\{W(1)\leqslant 0\}=\frac{1}{2}$.

根据 (3.2), 有

$$P\{W(1)\leqslant 0,W(2)\leqslant 0\}=\int_{-\infty}^{0}\int_{-\infty}^{0}\frac{1}{\sqrt{2\pi}}\mathrm{e}^{-\frac{x^2}{2}}\cdot\frac{1}{\sqrt{2\pi}}\mathrm{e}^{-\frac{(y-x)^2}{2}}\mathrm{d}y\mathrm{d}x=\frac{3}{8}.\quad\square$$

3.2.3 白噪声

引理 3.1

假设 $W(\cdot)$ 是一维的布朗运动, 则

$$E(W(t))=0,\quad E(W^2(t))=t,\quad t\geqslant 0,\tag{3.3}$$

且

$$E(W(t)W(s)) = t \wedge s = \min\{t, s\}, \quad t \geqslant 0. \tag{3.4}$$

♡

证明 根据布朗运动的定义, 由于 $W(t)$ 是 $N(0,t)$ 的随机变量, (3.3) 容易得到.

假设 $t \geqslant s \geqslant 0$, 由于 $W(s)$ 是 $N(0,s)$ 的, 且 $W(t)-W(s)$ 与 $W(s)$ 独立, 我们有

$$\begin{aligned} E(W(t)W(s)) &= E((W(s)+W(t)-W(s))W(s)) \\ &= E(W^2(s)) + E\big((W(t)-W(s))W(s)\big) \\ &= s + \underbrace{E(W(t)-W(s))}_{=0}\underbrace{E(W(s))}_{=0} \\ &= s = t \wedge s. \end{aligned}$$

□

启发 回顾第 1 章中形式上的时间导数

$$\dot{W}(t) = \xi(t)$$

是 "一维的白噪声". 然而, 从后文可看出对于 a.s. ω, 样本路径 $t \mapsto W(t,\omega)$ 对于 $t \geqslant 0$ 是不可导的. 因此, $\dot{W}(t) = \xi(t)$ 实际上是不存在的.

然而我们有启发式的公式

$$E(\xi(t)\xi(s)) = \delta_0(s-t), \tag{3.5}$$

其中 δ_0 是 0 处的 Delta 测度.

我们给出 (3.5) 的大致证明.

假设 $h > 0$, 固定 $t > 0$, 并令

$$\begin{aligned} \Phi_h(s) &:= E\left(\left(\frac{W(t+h)-W(t)}{h}\right)\left(\frac{W(s+h)-W(s)}{h}\right)\right) \\ &= \frac{1}{h^2}[E(W(t+h)W(s+h)) - E(W(t+h)W(s)) \\ &\quad - E(W(t)W(s+h)) + E(W(t)W(s))] \\ &= \frac{1}{h^2}[(t+h)\wedge(s+h) - ((t+h)\wedge s) - (t\wedge(s+h)) + (t\wedge s)]. \end{aligned}$$

图 3.2 为 $\Phi_h(s)$ 函数的图像. 对任意的 $t \neq s$, 当 $h \to 0$ 时, $\Phi_h(s) \to 0$. 而 $\Phi_h(s) \geqslant 0$, 且 $\int_{\mathbb{R}} \Phi_h(s)\mathrm{d}s = 1$, 因此在某种意义上, 当 $h \to 0$ 时, 有 $\Phi_h(s) \to \delta_0(s-t)$. 另外, 我们希望 $\Phi_h(s) \to E(\xi(t)\xi(s))$. 这些表明, 在某种非正规的意义下, (3.5) 是正确的.

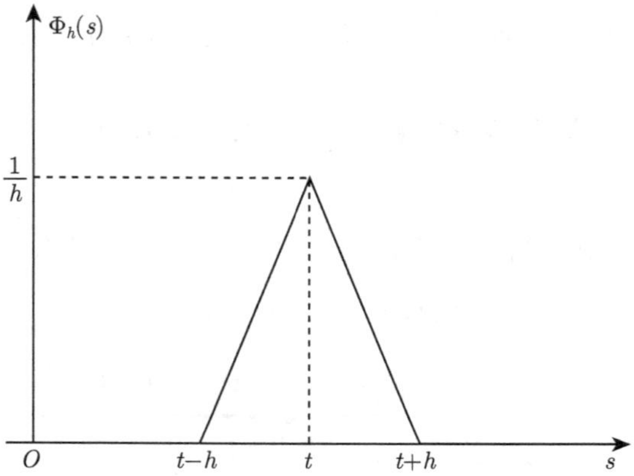

图 3.2 $\Phi_h(s)$ 函数的图像

在下一节中我们将会看到: 当试图构建布朗运动时, 公式 (3.5) 提供了一些重要的理解思路. □

注 为什么称 $\dot{W}(\cdot) = \xi(\cdot)$ 为白噪声?

如果 $X(\cdot)$ 是任一实值随机过程, 且满足 $E(X^2(t)) < \infty, t \geqslant 0$, 我们令

$$r(t,s) := E(X(t)X(s)), \quad t,s \geqslant 0$$

为 $X(\cdot)$ 的**自相关函数**.

如果存在某函数 $c: \mathbb{R} \to \mathbb{R}$, 使得 $r(t,s) = c(t-s)$, 且对任意的 $t,s \geqslant 0$, 有 $E(X(t)) = E(X(s))$, 则 $X(\cdot)$ 被称为**广义下的平稳过程**. 白噪声过程 $\xi(\cdot)$ 至少在形式上是高斯广义平稳过程, 并且 $c(\cdot) = \delta_0$.

一般地, 我们定义自相关函数的傅里叶变换

$$f(\lambda) := \frac{1}{2\pi}\int_{-\infty}^{+\infty} \mathrm{e}^{-\mathrm{i}\lambda t} c(t)\mathrm{d}t \quad (\lambda \in \mathbb{R})$$

为 $X(\cdot)$ 的**谱密度**. 对于白噪声, 有

$$f(\lambda) = \frac{1}{2\pi}\int_{-\infty}^{+\infty} \mathrm{e}^{-\mathrm{i}\lambda t}\delta_0\mathrm{d}t = \frac{1}{2\pi}, \quad \forall\lambda.$$

因此, $\xi(\cdot)$ 的谱密度是平滑的, 就是说, 所有的 "频率" 在相关函数中出现的概率是相等的, 就类似于各种颜色平等叠加就变成了白色一样. □

3.3 构造布朗运动

现在的主要问题是证实 Wiener 过程真实存在的.

我们证明的方法是: 巧妙地选取 $L^2(0,1)$ 中的一组正交基, 对白噪声 $\xi(\cdot)$ 进行形式上的展开. 接着, 对展开的表达式进行时间积分, 并证明收敛性, 即证明我们构造了一个布朗运动. 这一做法是一种 "小波分析", 见 [8].

3.3.1 正交基展开

假设 $\{\psi_n\}_{n=0}^{\infty}$ 是 $L^2(0,1)$ 的一组完备正交基, 其中 $\psi_n = \psi_n(t)$ 是定义在 $[0,1]$ 上的确定性函数而不是随机变量. 正交是指对任意 m, n, 有

$$\int_0^1 \psi_n(s)\psi_m(s)\mathrm{d}s = \delta_{mn} = \begin{cases} 1, & m = n, \\ 0, & m \neq n. \end{cases}$$

我们给出如下展开式

$$\xi(t) = \sum_{n=0}^{\infty} A_n \psi_n(t), \quad 0 \leqslant t \leqslant 1, \tag{3.6}$$

其中系数 A_n 是随机的. 容易证明

$$A_n = \int_0^1 \xi(t)\psi_n(t)\mathrm{d}t.$$

我们希望 A_n 是独立的且是高斯的, 满足 $E(A_n) = 0$. 如果 A_n 是如我们所愿的那样, 则对 $m \neq n$, 有

$$\begin{aligned}
0 = E(A_n)E(A_m) &= E(A_n A_m) \\
&= \int_0^1 \int_0^1 E(\xi(t)\xi(s))\psi_n(t)\psi_m(s)\mathrm{d}t\mathrm{d}s \\
&= \int_0^1 \int_0^1 \delta_0(s-t)\psi_n(t)\psi_m(s)\mathrm{d}t\mathrm{d}s \quad (\Leftarrow \text{根据 } (3.5)) \\
&= \int_0^1 \psi_n(s)\psi_m(s)\mathrm{d}s.
\end{aligned}$$

但是 ψ_n 的正交性是自动满足的. 类似地

$$E(A_n^2) = \int_0^1 \psi_n(s)^2 \mathrm{d}s = 1.$$

因此, 如果 A_n 是独立的并且是 $N(0,1)$ 的随机变量, 很有理由相信公式 (3.6) 是有意义的. 从而, 布朗运动 $W(\cdot)$ 可由

$$W(t) := \int_0^t \xi(s)\mathrm{d}s = \sum_0^\infty A_n \int_0^t \psi_n(s)\mathrm{d}s \tag{3.7}$$

构造出. 这似乎对任意的正交基都成立. 我们将通过选取特别的一组正交基来把证明严格化.

3.3.2 布朗运动的构造

为了使上一小节的思路能够顺利严格化, 我们需要一系列的定义和引理. 下述构造方法由 Lévy 和 Ciesielski 提出, 所以被称为布朗运动的 Lévy-Ciesielski 构造.

定义 3.2

Haar 函数族 $\{h_k(\cdot)\}_{k=0}^\infty$ 的定义如下:

$$h_0(t) := 1, \quad 0 \leqslant t \leqslant 1;$$

$$h_1(t) := \begin{cases} 1, & 0 \leqslant t \leqslant \dfrac{1}{2}, \\ -1, & \dfrac{1}{2} < t \leqslant 1; \end{cases}$$

如果 $2^n \leqslant k < 2^{n+1}$, $n = 1, 2, \cdots$,

$$h_k(t) := \begin{cases} 2^{\frac{n}{2}}, & \dfrac{k-2^n}{2^n} \leqslant t \leqslant \dfrac{k-2^n+1/2}{2^n}, \\ -2^{\frac{n}{2}}, & \dfrac{k-2^n+1/2}{2^n} < t \leqslant \dfrac{k-2^n+1}{2^n}, \\ 0, & 其他. \end{cases}$$

♣

图 3.3 为 Haar 函数的图像.

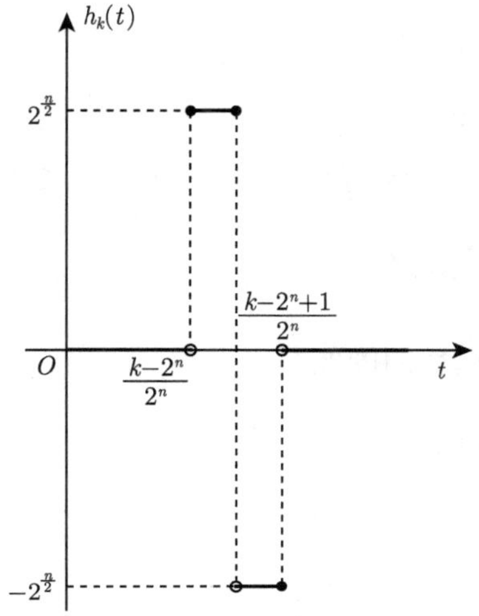

图 3.3 Haar 函数的图像

引理 3.2

函数 $\{h_k(\cdot)\}_{k=0}^{\infty}$ 构成 $L^2(0,1)$ 中的一组完备正交基. ♡

证明 1. 容易计算 $\int_0^1 h_k^2 \mathrm{d}t = 2^n\left(\frac{1}{2^{n+1}}+\frac{1}{2^{n+1}}\right)=1$.

注意到对任意的 $l>k$, 要么 $h_k h_l = 0$ (对所有 t), 要么在 h_l 的支集上 h_k 为常数. 无论哪种情况, 都有

$$\int_0^1 h_l h_k \mathrm{d}t = \pm 2^{n/2}\int_0^1 h_l \mathrm{d}t = 0.$$

2. 假设 $f\in L^2(0,1)$, $\int_0^1 f h_k \mathrm{d}t = 0$, $k=0,1,\cdots$, 我们将证明 $f=0$ 几乎处处成立.

如果 $n=0$, 我们有 $\int_0^1 f\mathrm{d}t = 0$; 设 $n=1$, 则 $\int_0^{1/2} f\mathrm{d}t = \int_{1/2}^1 f\mathrm{d}t$, 且都等于 0, 因此, $\int_0^{1/2} f\mathrm{d}t + \int_{1/2}^1 f\mathrm{d}t = \int_0^1 f\mathrm{d}t = 0$; 通过归纳总结, 我们有对任意的 $0\leqslant k<2^{n+1}$, $\int_{\frac{k}{2^{n+1}}}^{\frac{k+1}{2^{n+1}}} f\mathrm{d}t = 0$. 于是 $\int_s^r f\mathrm{d}t = 0$ 对所有的二进有理数 $0\leqslant s\leqslant r\leqslant 1$ 成立, 从而对所有的 $0\leqslant s\leqslant r\leqslant 1$ 成立. 这意味着 $f=0$ a.e.. □

定义 3.3

对 $k=1,2,\cdots$,

$$s_k(t):=\int_0^t h_k(s)\mathrm{d}s \quad (0\leqslant t\leqslant 1)$$

被称为 k 阶 Schauder 函数. ♣

图 3.4 为 Schauder 函数的图像.

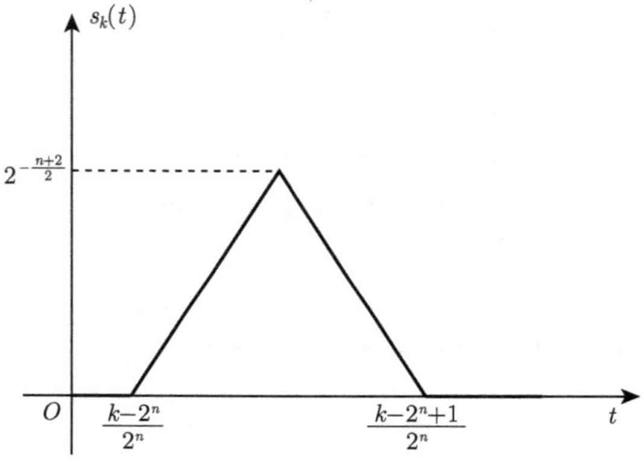

图 3.4 Schauder 函数的图像

s_k 的图像是一个高为 $2^{-n/2-1}$ 的在区间 $\left[\dfrac{k-2^n}{2^n},\dfrac{k-2^n+1}{2^n}\right]$ 上的"帐篷". 因此, 如果 $2^n\leqslant k<2^{n+1}$, 则

$$\max_{0\leqslant t\leqslant 1}|s_k(t)|=2^{-n/2-1}. \tag{3.8}$$

引理 3.3

对任意的 $0\leqslant s,\ t\leqslant 1$, 有

$$\sum_{k=0}^{\infty}s_k(s)s_k(t)=t\wedge s.$$

♡

证明 对于 $0\leqslant s\leqslant 1$, 定义

$$\phi_s(\tau):=\begin{cases}1, & 0\leqslant\tau\leqslant s,\\ 0, & s<\tau\leqslant 1,\end{cases}$$

则, 如果 $s \leqslant t$, 由引理 3.2 可得

$$s = \int_0^1 \phi_t \phi_s \mathrm{d}\tau = \sum_{k=0}^{\infty} a_k b_k,$$

这里

$$a_k = \int_0^1 \phi_t \phi_k \mathrm{d}\tau = \int_0^t h_k \mathrm{d}\tau = s_k(t), \quad b_k = \int_0^1 \phi_s h_k \mathrm{d}\tau = s_k(s). \qquad \square$$

我们的目的是对于时间 $0 \leqslant t \leqslant 1$, 定义

$$W(t) := \sum_{k=0}^{\infty} A_k S_k(t),$$

这里的系数 $\{A_k\}_{k=0}^{\infty}$ 是定义在某个概率空间上的独立的 $N(0,1)$ 随机变量.

首先, 我们必须检验这个级数是否收敛.

引理 3.4

设 $\{a_k\}_{k=0}^{\infty}$ 是一个实数序列, 且存在 $0 \leqslant \delta < \dfrac{1}{2}$, 使得

$$|a_k| = O(k^{\delta}), \quad 当\ k \to \infty,$$

则对于 $0 \leqslant t \leqslant 1$, 序列

$$\sum_{k=0}^{\infty} a_k s_k(t)$$

一致收敛. ♡

证明 固定 $\varepsilon > 0$, 注意到对 $2^n \leqslant k < 2^{n+1}$, 函数 s_k 有不相交的支集. 设

$$b_n := \max_{2^n \leqslant k < 2^{n+1}} |a_k| \leqslant C(2^{n+1})^{\delta},$$

因为 $0 \leqslant \delta < \dfrac{1}{2}$, 根据 (3.8), 对 $0 \leqslant t \leqslant 1$, 以及充分大的 m, 有

$$\begin{aligned}\sum_{k=2^m}^{\infty} |a_k||s_k(t)| &\leqslant \sum_{n=m}^{\infty} b_n \max_{\substack{2^n \leqslant k \leqslant 2^{n+1} \\ 0 \leqslant t \leqslant 1}} |s_k(t)| \\ &\leqslant C \sum_{n=m}^{\infty} (2^{n+1})^{\delta} 2^{-\frac{n}{2}-1} < \varepsilon.\end{aligned} \qquad \square$$

引理 3.5

设 $\{A_k\}_{k=1}^{\infty}$ 是独立的 $N(0,1)$ 随机变量序列, 则对几乎每个 ω,

$$|A_k(\omega)| = O(\sqrt{\log k}), \quad \text{当 } k \to \infty.$$

♡

特别地, 由于 $\sqrt{\log k} \leqslant Ck^{\frac{1}{4}}$, 数 $\{A_k(\omega)\}_{k=1}^{\infty}$ 几乎必然满足引理 3.4 的假设条件.

证明 对任意的 $x > 0$, $k = 2, 3, \cdots$, 存在某个常数 C, 使得

$$\begin{aligned} P(|A_k| > x) &= \frac{2}{\sqrt{2\pi}} \int_x^{\infty} \mathrm{e}^{-\frac{s^2}{2}} \mathrm{d}s \\ &\leqslant \frac{2}{\sqrt{2\pi}} \mathrm{e}^{-\frac{x^2}{4}} \int_x^{\infty} \mathrm{e}^{-\frac{s^2}{4}} \mathrm{d}s \\ &\leqslant C\mathrm{e}^{-\frac{x^2}{4}}. \end{aligned}$$

设 $x := 4\sqrt{\log k}$, 则

$$P(|A_k| \geqslant 4\sqrt{\log k}) \leqslant C\mathrm{e}^{-4\log k} = C\frac{1}{k^4}.$$

因为 $\sum \frac{1}{k^4} < \infty$, 由 Borel-Cantelli 引理可得

$$P(|A_k| \geqslant 4\sqrt{\log k} \text{ i.o.}) = 0.$$

因此, 对几乎每一个样本点 ω, 我们有

$$|A_k(\omega)| \leqslant 4\sqrt{\log k}, \quad \text{如果 } k \geqslant K,$$

这里 K 依赖于 ω. □

定理 3.2

令 $\{A_k\}_{k=0}^{\infty}$ 是定义在某个概率空间上的独立的 $N(0,1)$ 随机变量序列, 则和

$$W(t,\omega) := \sum_{k=0}^{\infty} A_k(\omega) s_k(t), \quad 0 \leqslant t \leqslant 1,$$

关于 t 一致收敛, 对 a.e. ω.

进一步地,

(1) $W(\cdot)$ 是一个布朗运动, $0 \leqslant t \leqslant 1$;

(2) 对 a.e. ω, 样本路径 $t \mapsto W(t,\omega)$ 是连续的.

♡

证明 1. 一致收敛性可由引理 3.4 和引理 3.5 得出, 从而 (2) 成立.

2. 为了证明 $W(\cdot)$ 是一个布朗运动, 我们首先注意到 $W(0)=0$ a.s..

接下来证明对任意的 $0 \leqslant s \leqslant t \leqslant 1$, $W(t)-W(s)$ 是 $N(0,t-s)$ 的. 为此, 计算

$$
\begin{aligned}
E(\mathrm{e}^{\mathrm{i}\lambda(W(t)-W(s))}) &= E\left(\mathrm{e}^{\mathrm{i}\lambda\sum\limits_{k=0}^{\infty}A_k(s_k(t)-s_k(s))}\right)\\
&= \prod_{k=0}^{\infty} E\left(\mathrm{e}^{\mathrm{i}\lambda A_k(s_k(t)-s_k(s))}\right) \quad (\Leftarrow \text{根据独立性})\\
&= \prod_{k=0}^{\infty} \mathrm{e}^{-\frac{\lambda^2}{2}(s_k(t)-s_k(s))^2} \quad (\Leftarrow \text{因为 } A_k \text{ 是 } N(0,1) \text{ 的})\\
&= \mathrm{e}^{-\frac{\lambda^2}{2}\sum\limits_{k=0}^{\infty}(s_k(t)-s_k(s))^2}\\
&= \mathrm{e}^{-\frac{\lambda^2}{2}\sum\limits_{k=0}^{\infty}s_k^2(t)-2s_k(t)s_k(s)+s_k^2(s)}\\
&= \mathrm{e}^{-\frac{\lambda^2}{2}(t-2s+s)} \quad (\Leftarrow \text{根据引理 3.3})\\
&= \mathrm{e}^{-\frac{\lambda^2}{2}(t-s)}.
\end{aligned}
$$

由特征函数的唯一性知, 增量 $W(t)-W(s)$ 是 $N(0,t-s)$ 的.

3. 接着证明对任意的 $m=1,2,\cdots$, 以及任意的 $0=t_0<t_1<\cdots<t_m\leqslant 1$, 有

$$
E\left(\mathrm{e}^{\mathrm{i}\sum\limits_{j=1}^{m}\lambda_j(W(t_j)-W(t_{j-1}))}\right) = \prod_{j=1}^{m}\mathrm{e}^{-\frac{\lambda_j^2}{2}(t_j-t_{j-1})}. \tag{3.9}
$$

只要证明了上式, 就可以根据特征函数的唯一性得到

$$
F_{W(t_1),\cdots,W(t_m)-W(t_{m-1})}(x_1,\cdots,x_m) = F_{W(t_1)}(x_1)\cdots F_{W(t_m)-W(t_{m-1})}(x_m),
$$

对所有 $x_1,\cdots,x_m\in\mathbb{R}$ 都成立. 这就证明了

$$
W(t_1),\cdots,W(t_m)-W(t_{m-1}) \text{ 是独立的.}
$$

因此, (3.9) 将确保该定理成立.

现在考虑 $m=2$ 的情形, 我们有

$$
E\left(\mathrm{e}^{\mathrm{i}[\lambda_1 W(t_1)+\lambda_2(W(t_2)-W(t_1))]}\right)
$$

$$
\begin{aligned}
&= E\left(\mathrm{e}^{\mathrm{i}[(\lambda_1-\lambda_2)W(t_1)+\lambda_2 W(t_2)]}\right)\\
&= E\left(\mathrm{e}^{\mathrm{i}(\lambda_1-\lambda_2)\sum\limits_{k=0}^{\infty}A_k s_k(t_1)+\mathrm{i}\lambda_2\sum\limits_{k=0}^{\infty}A_k s_k(t_2)}\right)\\
&= \prod_{k=0}^{\infty} E\left(\mathrm{e}^{\mathrm{i}A_k[(\lambda_1-\lambda_2)s_k(t_1)+\lambda_2 s_k(t_2)]}\right)\\
&= \prod_{k=0}^{\infty} \mathrm{e}^{-\frac{1}{2}((\lambda_1-\lambda_2)s_k(t_1)+\lambda_2 s_k(t_2))^2}\\
&= \mathrm{e}^{-\frac{1}{2}\sum\limits_{k=0}^{\infty}(\lambda_1-\lambda_2)^2 s_k^2(t_1)+2(\lambda_1-\lambda_2)\lambda_2 s_k(t_1)s_k(t_2)+\lambda_2^2 s_k^2(t_2)}\\
&= \mathrm{e}^{-\frac{1}{2}[(\lambda_1-\lambda_2)^2 t_1+2(\lambda_1-\lambda_2)\lambda_2 t_1+\lambda_2^2 t_2]} \qquad (\Leftarrow \text{根据引理 } 3.3)\\
&= \mathrm{e}^{-\frac{1}{2}[\lambda_1^2 t_1+\lambda_2^2(t_2-t_1)]}.
\end{aligned}
$$

因此, (3.9) 在 $m=2$ 时成立, 对于一般情形可类似得到. □

定理 3.3 (一维布朗运动的存在性)

设 $(\Omega,\mathcal{U},P)$ 是一个概率空间, $\{A_n\}_{n=1}^{\infty}$ 是定义在该空间上的可数的独立的 $N(0,1)$ 随机变量序列, 则对于 $\omega\in\Omega$, $t\geqslant 0$, 存在一个一维布朗运动 $W(\cdot)$ 定义在该概率空间上. ♡

证明概述 之前已经描述了怎样在 $0\leqslant t\leqslant 1$ 上构造布朗运动. 因此, 可以设

$$
W(t) := W(n-1) + W^n(t-(n-1)), \quad n-1\leqslant t\leqslant n,
$$

则 $W(\cdot)$ 是一个定义在所有时间 $t\geqslant 0$ 上一维的布朗运动. □

这个定理表明我们可以在任何存在可数个独立 $N(0,1)$ 随机变量的概率空间上构建布朗运动.

3.3.3 $\mathbb{R}^n$ 上的布朗运动

我们直接把布朗运动的定义推广到 $\mathbb{R}^n$ 中.

定义 3.4

一个 $\mathbb{R}^n$-值随机过程 $\boldsymbol{W}(\cdot)=(W^1(\cdot),\cdots,W^n(\cdot))$ 是一个 n-维布朗运动 (或者 Wiener 过程), 如果

(1) 对任意的 $k=1,\cdots,n$, $W^k(\cdot)$ 是一维布朗运动;

(2) σ-代数 $\mathcal{W}^k := \mathcal{U}(W^k(t)|t \geqslant 0)$ 是独立的, $k = 1, \cdots, n$. ♣

根据上述论证, 我们可以构建一个概率空间, 在这个空间上有 n 个独立的一维布朗运动 $W^k(\cdot)$ $(k = 1, \cdots, n)$, 则 $\boldsymbol{W}(\cdot) := (W^1(\cdot), \cdots, W^n(\cdot))$ 是 n-维布朗运动.

引理 3.6

如果 $\boldsymbol{W}(\cdot)$ 是一个 n-维布朗运动, 则

(1) $E(W^k(t)W^l(s)) = (t \wedge s)\delta_{kl}$ $(k, l = 1, \cdots, n)$;

(2) $E((W^k(t) - W^k(s))(W^l(t) - W^l(s))) = (t - s)\delta_{kl}$ $(k, l = 1, \cdots, n;\ t \geqslant s \geqslant 0)$. ♡

证明 如果 $k \neq l$, 根据独立性, $E(W^k(t)W^l(s)) = E(W^k(t))E(W^l(s)) = 0$. (2) 的证明类似. □

定理 3.4

(1) 如果 $\boldsymbol{W}(\cdot)$ 是一个 n-维布朗运动, 则对任意的 $t > 0$, $\boldsymbol{W}(t)$ 是 $N(0, tI)$ 的随机向量. 且对任意的 Borel 子集 $A \subseteq \mathbb{R}^n$, 有

$$P(\boldsymbol{W}(t) \in A) = \frac{1}{(2\pi t)^{n/2}} \int_A \mathrm{e}^{-\frac{|x|^2}{2t}} \mathrm{d}x.$$

(2) 更一般地, 对每个 $m = 1, 2, \cdots$ 和任意函数 $f: \mathbb{R}^n \times \mathbb{R}^n \times \cdots \times \mathbb{R}^n \to \mathbb{R}$, 我们有

$$\begin{aligned} &Ef(\boldsymbol{W}(t_1), \cdots, \boldsymbol{W}(t_m)) \\ &= \int_{\mathbb{R}^2} \cdots \int_{\mathbb{R}^2} f(x_1, \cdots, x_m) g(x_1, t_1|0) \\ &\cdot g(x_2, t_2 - t_1|x_1) \cdots g(x_m, t_m - t_{m-1}|x_{m-1}) \mathrm{d}x_m \cdots \mathrm{d}x_1, \end{aligned} \tag{3.10}$$

其中

$$g(x, t|y) := \frac{1}{(2\pi t)^{n/2}} \mathrm{e}^{-\frac{|x-y|^2}{2t}}.$$ ♡

证明 对任意的 $t > 0$, 随机变量 $W^1(t), \cdots, W^n(t)$ 是独立的, 因此对任意的 $\boldsymbol{x} = (x_1, \cdots, x_n) \in \mathbb{R}^n$, 我们有

$$f_{\boldsymbol{W}(t)}(x_1, \cdots, x_n) = f_{W^1(t)}(x_1) \cdots f_{W^n(t)}(x_n)$$

$$= \frac{1}{(2\pi t)^{1/2}} e^{-\frac{x_1^2}{2t}} \cdots \frac{1}{(2\pi t)^{1/2}} e^{-\frac{x_n^2}{2t}}$$
$$= \frac{1}{(2\pi t)^{n/2}} e^{-\frac{|x|^2}{2t}} = g(x,t|0).$$

我们证明了当 $f:\mathbb{R}^n \to \mathbb{R}$ 的情形, 更一般的情形可以类似得到. □

3.4 样本路径

在这一节, 我们将证明对几乎所有的 ω, 样本路径 $t \mapsto \boldsymbol{W}(t,\omega)$ 对某个指数 $\gamma < \frac{1}{2}$ 一致 Hölder (赫尔德) 连续, 但是对任意的指数 $\gamma > \frac{1}{2}$ 都不是 Hölder 连续的. 特别地, $t \mapsto \boldsymbol{W}(t,\omega)$ 几乎必然处处不可微, 并且在每个时间段的变差都为无穷大.

3.4.1 样本路径的连续性

定义 3.5

(1) 设 $0 < \gamma \leqslant 1$, 一个函数 $f:[0,T] \to \mathbb{R}$ 被称为关于指数 $\gamma > 0$ 一致 Hölder 连续, 如果存在常数 K, 使得

$$|f(t) - f(s)| \leqslant K|t-s|^\gamma, \quad \forall s,t \in [0,T];$$

(2) 我们称 f 在 s 点关于指数 $\gamma > 0$ 是 Hölder 连续的, 如果存在常数 K, 使得

$$|f(t) - f(s)| \leqslant K|t-s|^\gamma, \quad \forall t \in [0,T].$$ ♣

证明 Hölder 连续性的一种常用方法为 Kolmogorov (柯尔莫哥洛夫) 定理, 即下面的 Kolmogorov 连续性准则.

定理 3.5 (Kolmogorov 连续性准则)

设 $\boldsymbol{X}(\cdot)$ 是一个 a.s. 有连续样本路径的随机过程, 且

$$E(|\boldsymbol{X}(t) - \boldsymbol{X}(s)|^\beta) \leqslant C|t-s|^{1+\alpha}, \quad \forall\, t,s \geqslant 0,$$

对于某些常数 β, $\alpha > 0$, $C \geqslant 0$ 成立, 则对任意的 $0 < \gamma < \frac{\alpha}{\beta}$, $T > 0$ 和几乎所有的 ω, 存在一个常数 $K = K(\omega,\gamma,T)$, 使得

$$|\boldsymbol{X}(t,\omega) - \boldsymbol{X}(s,\omega)| \leqslant K|t-s|^\gamma, \quad \forall 0 \leqslant s,t \leqslant T.$$ ♡

因此, 定理中的 $\boldsymbol{X}(\cdot)$ 的样本路径 $t \mapsto X(t,\omega)$ 在 $[0,T]$ 上是关于指数 γ 是一致 Hölder 连续的.

证明 1. 为简单起见, 取 $T=1$. 取任意的

$$0<\gamma<\frac{\alpha}{\beta}, \tag{3.11}$$

且对 $n=1,2,\cdots$, 定义

$$A_n := \left\{\left|\boldsymbol{X}\left(\frac{i+1}{2^n}\right)-\boldsymbol{X}\left(\frac{i}{2^n}\right)\right| > \frac{1}{2^{n\gamma}},\ \text{对某个整数 } 0\leqslant i<2^n\right\}.$$

紧接着, 我们有

$$\begin{aligned}
&P(A_n)\\
&\leqslant \sum_{i=0}^{2^n-1} P\left(\left|\boldsymbol{X}\left(\frac{i+1}{2^n}\right)-\boldsymbol{X}\left(\frac{i}{2^n}\right)\right| > \frac{1}{2^{n\gamma}}\right)\\
&\leqslant \sum_{i=0}^{2^n-1} E\left(\left|\boldsymbol{X}\left(\frac{i+1}{2^n}\right)-\boldsymbol{X}\left(\frac{i}{2^n}\right)\right|^{\beta}\right)\left(\frac{1}{2^{n\gamma}}\right)^{-\beta} \qquad (\Leftarrow \text{根据 Chebyshev 不等式})\\
&\leqslant C\sum_{i=0}^{2^n-1}\left(\frac{1}{2^n}\right)^{1+\alpha}\left(\frac{1}{2^{n\gamma}}\right)^{-\beta}\\
&= C2^{n(-\alpha+\gamma\beta)}.
\end{aligned}$$

根据 (3.11), 可知 $-\alpha+\gamma\beta<0$, 从而 $\sum\limits_{n=1}^{\infty} P(A_n)<\infty$. 因此, 由 Borel-Cantelli 引理可知

$$P(A_n \text{ i.o.})=0.$$

进而, 对 a.e. ω, 存在 $m=m(\omega)$, 当 $n\geqslant m$ 时, 有

$$\left|\boldsymbol{X}\left(\frac{i+1}{2^n},\omega\right)-\boldsymbol{X}\left(\frac{i}{2^n},\omega\right)\right| \leqslant \frac{1}{2^{n\gamma}}, \quad \text{对 } 0\leqslant i\leqslant 2^n-1.$$

因此, 如果取 $K=K(\omega)$ 充分大, 可得

$$\left|\boldsymbol{X}\left(\frac{i+1}{2^n},\omega\right)-\boldsymbol{X}\left(\frac{i}{2^n},\omega\right)\right| \leqslant K\frac{1}{2^{n\gamma}}, \quad 0\leqslant i\leqslant 2^n-1,\ \text{对所有 } n\geqslant 0. \tag{3.12}$$

2[①]. 现在证明 (3.12) 可以导出 Hölder 连续性. 为此, 固定一个保证 (3.12) 成立的 $\omega \in \Omega$, 设 $t_1, t_2 \in [0,1]$ 是二进有理数, $0 < t_2 - t_1 < 1$. 选取适当的 $n \geqslant 1$, 使得

$$2^{-n} \leqslant t < 2^{-(n-1)}, \quad \text{其中 } t := t_2 - t_1. \tag{3.13}$$

对于

$$t_1 \leqslant \frac{i}{2^n} \leqslant \frac{j}{2^n} \leqslant t_2,$$

我们可以把 t_1, t_2 表示为

$$\begin{cases} t_1 = \dfrac{i}{2^n} - \dfrac{1}{2^{p_1}} - \cdots - \dfrac{1}{2^{p_k}} & (n < p_1 < \cdots < p_k), \\ t_2 = \dfrac{j}{2^n} + \dfrac{1}{2^{q_1}} + \cdots + \dfrac{1}{2^{q_l}} & (n < q_1 < \cdots < q_l), \end{cases}$$

则

$$\frac{j-i}{2^n} \leqslant t < \frac{1}{2^{n-1}},$$

且 $j = i$ 或者 $i+1$. 运用 (3.12), 有

$$\left| \boldsymbol{X}\left(\frac{i}{2^n}, \omega\right) - \boldsymbol{X}\left(\frac{j}{2^n}, \omega\right) \right| \leqslant K \left| \frac{i-j}{2^n} \right|^{\gamma} \leqslant K t^{\gamma}.$$

进一步地, 对于 $r = 1, \cdots, k$, 有

$$|\boldsymbol{X}(i/2^n - 1/2^{p_1} - \cdots - 1/2^{p_r}, \omega) - \boldsymbol{X}(i/2^n - 1/2^{p_1} - \cdots - 1/2^{p_{r-1}}, \omega)| \leqslant K \left| \frac{1}{2^{p_r}} \right|^{\gamma}.$$

因此

$$\begin{aligned} |\boldsymbol{X}(t_1, \omega) - \boldsymbol{X}(i/2^n, \omega)| &\leqslant K \sum_{r=1}^{k} \left| \frac{1}{2^{p_r}} \right|^{\gamma} \\ &\leqslant \frac{K}{2^{n\gamma}} \sum_{r=1}^{\infty} \frac{1}{2^{r\gamma}} \quad (\Leftarrow \text{因为 } p_r > n) \\ &= \frac{C}{2^{n\gamma}} \leqslant C t^{\gamma}. \quad (\Leftarrow \text{根据 (3.13)}) \end{aligned}$$

① 第一次读的时候略去证明的第 2 步.

用同样的方法可以得到

$$|\boldsymbol{X}(t_2,\omega)-\boldsymbol{X}(j/2^n,\omega)|\leqslant Ct^\gamma.$$

结合上面的估计, 可得对于所有的二进有理数 $t_1,t_2\in[0,1]$, 存在某个常数 $C=C(\omega)$, 使得

$$|\boldsymbol{X}(t_1,\omega)-\boldsymbol{X}(t_2,\omega)|\leqslant C|t_1-t_2|^\gamma.$$

因为 $t\mapsto\boldsymbol{X}(t,\omega)$ 对 a.e. ω 是连续的, 从而上式对任意的 $t_1,t_2\in[0,1]$ 都成立. □

注 把上述证明过程稍微修改一下, 就可以证明: 如果 $\boldsymbol{X}(\cdot)$ 是一个随机过程, 且

$$E(|\boldsymbol{X}(t)-\boldsymbol{X}(s)|^\beta)\leqslant C|t-s|^{1+\alpha}\quad(\alpha,\beta>0,C\geqslant 0),$$

则 $\boldsymbol{X}(\cdot)$ 有一个版本化 $\tilde{\boldsymbol{X}}(\cdot)$, 使得 a.e. 样本路径是关于指数 $0<\gamma<\dfrac{\alpha}{\beta}$ 是 Hölder 连续的. (如果 $P(\boldsymbol{X}(t)=\tilde{\boldsymbol{X}}(t))=1$, 对任意的 $t\geqslant 0$ 都成立, 则称 $\tilde{\boldsymbol{X}}(\cdot)$ 是 $\boldsymbol{X}(\cdot)$ 的一个**等价形**.) □

例题 3.2 (布朗运动的连续性) 令 $\boldsymbol{W}(\cdot)$ 是一个 n-维布朗运动, 对任意的整数 $m=1,2,\cdots$, 有

$$\begin{aligned}E(|\boldsymbol{W}(t)-\boldsymbol{W}(s)|^{2m})=&\frac{1}{(2\pi r)^{n/2}}\int_{\mathbb{R}^n}|x|^{2m}\mathrm{e}^{-\frac{|x|^2}{2r}}\mathrm{d}x\quad(\Leftarrow 令\ r=t-s>0)\\=&\frac{1}{(2\pi)^{n/2}}r^m\int_{\mathbb{R}^n}|y|^{2m}\mathrm{e}^{-\frac{|y|^2}{2}}\mathrm{d}y\quad\left(\Leftarrow y=\frac{x}{\sqrt{r}}\right)\\=&Cr^m=C|t-s|^m.\end{aligned}$$

于是对于 $\beta=2m,\alpha=m-1$, Kolmogorov 连续性准则的假设成立. 所以随机过程 $\boldsymbol{W}(\cdot)$ 是 Hölder 连续的, 且指数满足

$$0<\gamma<\frac{\alpha}{\beta}=\frac{1}{2}-\frac{1}{2m},\quad\forall m.$$

因此, 对几乎所有的 ω 和任何 $T>0$ 以及每个指数 $0<\gamma<\dfrac{1}{2}$, 样本路径 $t\mapsto\boldsymbol{W}(t,\omega)$ 在 $[0,T]$ 上是一致 Hölder 连续的. □

3.4.2 处处不可微性

下面证明布朗运动样本路径的 Hölder 连续指数不大于 $\dfrac{1}{2}$ 的概率为 1, 从而处处不可微性.

定理 3.6

(1) 对任意的 $\frac{1}{2}<\gamma\leqslant 1$ 和几乎所有的 ω, $t\mapsto W(t,\omega)$ 关于指数 γ 不是 Hölder 连续的.
(2) 特别地, 对几乎所有的 ω, 样本路径 $t\mapsto W(t,\omega)$ 是处处不可微的, 且在每个子区间上的变差为无穷大. ♡

证明 1. 为简单起见, 这里只需考虑一维布朗运动, 且时间 $0\leqslant t\leqslant 1$. 此外, 固定充分大的整数 N, 使得

$$N\left(\gamma-\frac{1}{2}\right)>1.$$

如果函数 $t\mapsto W(t,\omega)$ 在某个点 $0\leqslant s<1$ 的 Hölder 连续指数为 γ, 则对任意的 $t\in[0,1]$, 存在某个常数 K, 使得

$$|W(t,\omega)-W(s,\omega)|\leqslant K|t-s|^{\gamma}.$$

当 $n\gg 1$ 时, 令 $i=[ns]+1$, 注意到对 $j=i,i+1,\cdots,i+N-1$, 有

$$\begin{aligned}\left|W\left(\frac{j}{n},\omega\right)-W\left(\frac{j+1}{n},\omega\right)\right|\leqslant&\left|W(s,\omega)-W\left(\frac{j}{n},\omega\right)\right|+\left|W(s,\omega)-W\left(\frac{j+1}{n},\omega\right)\right|\\ \leqslant&K\left(\left|s-\frac{j}{n}\right|^{\gamma}+\left|s-\frac{j+1}{n}\right|^{\gamma}\right)\\ \leqslant&\frac{M}{n^{\gamma}},\end{aligned}$$

其中 M 为某个常数. 于是对于某个 $1\leqslant i\leqslant n$, 某个 $M\geqslant 1$, 和所有足够大的 n, 有

$$\omega\in A_{M,n}^{i}:=\left\{\left|W\left(\frac{j}{n}\right)-W\left(\frac{j+1}{n}\right)\right|\leqslant\frac{M}{n^{\gamma}},\ j=i,\cdots,i+N-1\right\}.$$

因此, 对于 $0\leqslant s<1$, 使得 $W(\cdot,\omega)$ 的 Hölder 连续指数为 γ 的样本 $\omega\in\Omega$ 包含在

$$\bigcup_{M=1}^{\infty}\bigcup_{k=1}^{\infty}\bigcap_{n=k}^{\infty}\bigcup_{i=1}^{n}A_{M,n}^{i}.$$

我们往证上述事件的概率为 0.

2. 对任意的 k 和 M, 因为随机变量 $W\left(\frac{j+1}{n}\right)-W\left(\frac{j}{n}\right)$ 是 $N\left(0,\frac{1}{n}\right)$ 的并且是独立的, 则

$$\begin{aligned}P\left(\bigcap_{n=k}^{\infty}\bigcup_{i=1}^{n}A_{M,n}^{i}\right)&\leqslant\liminf_{n\to\infty}P\left(\bigcup_{i=1}^{n}A_{M,n}^{i}\right)\\&\leqslant\liminf_{n\to\infty}\sum_{i=1}^{n}P(A_{M,n}^{i})\\&\leqslant\liminf_{n\to\infty}n\left(P\left(\left|W\left(\frac{1}{n}\right)\right|\leqslant\frac{M}{n^{\gamma}}\right)\right)^{N}.\end{aligned}$$

现在

$$\begin{aligned}P\left(\left|W\left(\frac{1}{n}\right)\right|\leqslant\frac{M}{n^{\gamma}}\right)&=\frac{\sqrt{n}}{\sqrt{2\pi}}\int_{-Mn^{-\gamma}}^{Mn^{-\gamma}}\mathrm{e}^{-\frac{nx^2}{2}}\mathrm{d}x\\&=\frac{1}{\sqrt{2\pi}}\int_{-Mn^{1/2-\gamma}}^{Mn^{1/2-\gamma}}\mathrm{e}^{-\frac{y^2}{2}}\mathrm{d}y\\&\leqslant Cn^{1/2-\gamma}.\end{aligned}$$

结合 $N(\gamma-1/2)>1$, 我们推出

$$P\left(\bigcap_{n=k}^{\infty}\bigcup_{i=1}^{n}A_{M,n}^{i}\right)\leqslant\liminf_{n\to\infty}nC[n^{1/2-\gamma}]^{N}=0,$$

对所有的 k, M 都成立. 于是

$$P\left(\bigcup_{M=1}^{\infty}\bigcup_{k=1}^{\infty}\bigcap_{n=k}^{\infty}\bigcup_{i=1}^{n}A_{M,n}^{i}\right)=0.$$

从而结论 (1) 成立.

3. 如果 $W(t,\omega)$ 在 s 处可微, 则 $W(t,\omega)$ 在 s 处 Hölder 连续 (指数为 1), 这是几乎不可能的. 如果 $W(t,\omega)$ 在某个子区间上的变差有限, 则它将几乎处处可微, 这显然也是不可能的. □

注 上述证明方法源自 Dvoretzky、Erdös 和 Kakutani. 证明基本思想如下: 如果

$$|W(t,\omega)-W(s,\omega)|\leqslant K|t-s|^{\gamma},\quad\forall t,$$

则

$$\left|W\left(\frac{j}{n},\omega\right)-W\left(\frac{j+1}{n},\omega\right)\right|\leqslant\frac{M}{n^{\gamma}},$$

对所有的 $n\gg 1$ 并且至少 N 取 j 的时候成立. 但这些是小概率的独立事件. 上述不等式适用于所有的 j, 因为当取足够大的 N 时, 整体是一个很小的数. 图 3.5 为布朗运动的一条样本路径. □

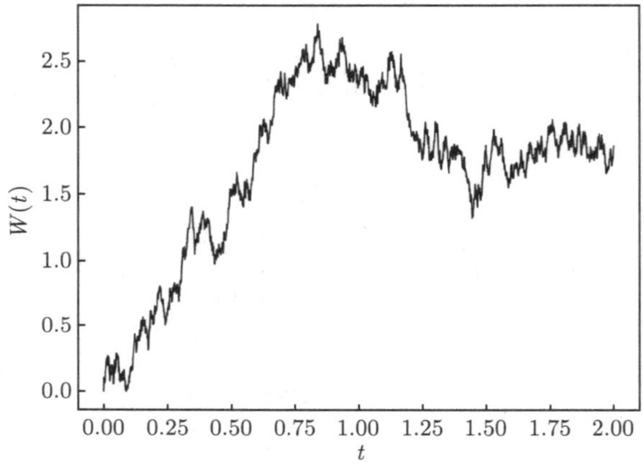

图 3.5 布朗运动的一条样本路径

3.5 Markov 性

定义 3.6

如果 $\mathcal{V}$ 是一个 σ-代数, $\mathcal{V}\subseteq\mathcal{U}$, 则

$$P(A|\mathcal{V}):=E(\chi_A|\mathcal{V}),\quad \forall A\in\mathcal{U}$$

是给定 $\mathcal{V}$ 时, A 的条件概率. ♣

因此, $P(A|\mathcal{V})$ 是一个随机变量.

定义 3.7

如果 $\boldsymbol{X}(\cdot)$ 是一个随机过程, 则 σ-代数

$$\mathcal{U}(s):=\mathcal{U}(\boldsymbol{X}(r)|0\leqslant r\leqslant s)$$

被称为该过程在时间 s 之前 (包含时间 s) 的历史. ♣

可以非正式地将 $\mathcal{U}(s)$ 解释为观察 $\boldsymbol{X}(r)$ 在时间 $0 \leqslant r \leqslant s$ 上所记录的所有信息.

定义 3.8

对任意的 $0 \leqslant s \leqslant t$ 和任意的 $\mathbb{R}^n$ 的 Borel 子集, 一个 $\mathbb{R}^n$-值随机过程 $\boldsymbol{X}(\cdot)$ 被称为 Markov (马尔可夫) 过程, 如果

$$P(\boldsymbol{X}(t) \in B|\mathcal{U}(s)) = P(\boldsymbol{X}(t) \in B|\boldsymbol{X}(s)) \quad \text{a.s..}$$

♣

该定义的核心思想是: 在给定当前的值 $\boldsymbol{X}(s)$ 时, 就可以预测将来的 $\boldsymbol{X}(t)$ 值的概率, 而不需要知道时间 s 之前整个过程的历史. 简单来说, 只需"知道"该过程在时间 s 的值, 而不需要"记得"怎样到达该数值的.

定理 3.7

设 $\boldsymbol{W}(\cdot)$ 是 n-维的布朗运动, 则 $\boldsymbol{W}(\cdot)$ 是一个 Markov 过程, 且对任意的 $0 \leqslant s < t$ 和 Borel 集 B, 有

$$P(\boldsymbol{W}(t) \in B|\boldsymbol{W}(s)) = \frac{1}{(2\pi(t-s))^{n/2}} \int_B \mathrm{e}^{-\frac{|x-\boldsymbol{W}(s)|^2}{2(t-s)}} \mathrm{d}s \quad \text{a.s.} \tag{3.14}$$

♡

注意到等式的两边都是随机变量.

证明 我们仅证明 (3.14). 令 A 为 Borel 集, 设

$$\Phi(y) := \frac{1}{(2\pi(t-s))^{n/2}} \int_A \mathrm{e}^{-\frac{|x-y|^2}{2(t-s)}} \mathrm{d}x.$$

因为 $\Phi(\boldsymbol{W}(s))$ 是 $\mathcal{U}(\boldsymbol{W}(s))$ 可测的, 我们必须证明

$$\int_C \chi_{\{\boldsymbol{W}(t)\in A\}} \mathrm{d}P = \int_C \Phi(\boldsymbol{W}(s)) \mathrm{d}P, \quad \forall C \in \mathcal{U}(\boldsymbol{W}(s)). \tag{3.15}$$

现若 $C \in \mathcal{U}(\boldsymbol{W}(s))$, 则对某个 Borel 集 $B \subseteq \mathbb{R}^n$, 有 $C = \{\boldsymbol{W}(s) \in B\}$. 于是

$$\begin{aligned}\int_C \chi_{\{\boldsymbol{W}(t)\in A\}} \mathrm{d}P &= P(\boldsymbol{W}(s) \in B, \boldsymbol{W}(t) \in A) \\ &= \int_B \int_A g(y, s|0) g(x, t-s|y) \mathrm{d}x \mathrm{d}y\end{aligned}$$

$$= \int_B g(y, s|0)\Phi(y)\mathrm{d}y.$$

另一方面,

$$\int_C \Phi(\boldsymbol{W}(s))\mathrm{d}P = \int_\Omega \chi_B(\boldsymbol{W}(s))\Phi(\boldsymbol{W}(s))\mathrm{d}P$$
$$= \int_{\mathbb{R}^n} \chi_B(y)\Phi(y)\frac{\mathrm{e}^{-\frac{|y|^2}{2s}}}{(2\pi s)^{n/2}}\mathrm{d}y$$
$$= \int_B g(y, s|0)\Phi(y)\mathrm{d}y.$$

该结果和上面的一致, 这就证明了 (3.15), 因而建立了 (3.14). □

注 就像在 3.4 节中讨论的那样, Markov 性在一定程度上解释了布朗运动样本路径的不可微性.

如果 $\boldsymbol{W}(s,\omega) = b$, 也就是说, $\boldsymbol{W}(t,\omega)$ 的未来行为仅仅依赖于 $\boldsymbol{W}(s,\omega) = b$ 这一事实, 而不依赖于当 $t \to s^-$ 时, $\boldsymbol{W}(t,\omega)$ 是怎样接近点 b 的. 于是样本路径 $\boldsymbol{W}(\cdot,\omega)$ 无法 "记忆" 是怎样离开 b 的, 从而导致 $\boldsymbol{W}(\cdot,\omega)$ 在 s 处没有切线. □

第 3 章练习

1. 设 $W(\cdot)$ 是一维的布朗运动, 计算条件概率 $P(W(2) > 0 \mid W(1) > 0)$, 事件 $\{W(2) > 0\}$ 与 $\{W(1) > 0\}$ 是否独立?

2. 设 $W(\cdot)$ 是一维的布朗运动, 证明

$$E(W^{2k}(t)) = \frac{(2k)!t^k}{2^k k!}.$$

3. 证明如果 $\boldsymbol{W}(\cdot)$ 是 n-维的布朗运动, 则下面式子也是 n-维的布朗运动.

(i) $\boldsymbol{W}(t+s) - \boldsymbol{W}(s)$, 对任意的 $s \geqslant 0$;

(ii) $c\boldsymbol{W}(t/c^2)$, 对任意的 $c > 0$. ("布朗尺度")

4. 设 $W(\cdot)$ 是一维的布朗运动, 并且定义

$$\bar{W} := \begin{cases} tW\left(\dfrac{1}{t}\right), & t > 0, \\ 0, & t = 0, \end{cases}$$

证明 $\bar{W}(t) - \bar{W}(s)$ 是 $N(0, t-s)$ 的, $0 \leqslant s \leqslant t$. (提示: $\bar{W}(\cdot)$ 同样有独立增量且是一维的布朗运动.)

5. 定义 $X(t) := \int_0^t W(s)\mathrm{d}s$, 这里 $W(\cdot)$ 是一个一维布朗运动, 证明

$$E(X^2(t)) = \frac{t^3}{3}, \quad \text{对任意的 } t > 0.$$

6. 定义 $X(t)$ 和前一个习题一样, 证明

$$E(\mathrm{e}^{\lambda X(t)}) = \mathrm{e}^{\frac{\lambda^2 t^3}{6}}, \quad \text{对任意的 } t > 0.$$

(提示: $X(t)$ 是一个高斯随机变量, 从前一个题目可得到方差.)

7. 定义 $U(t) := \mathrm{e}^{-t}W(\mathrm{e}^{2t})$, 其中 $W(\cdot)$ 是一个一维布朗运动, 证明

$$E(U(t)U(s)) = \mathrm{e}^{-|t-s|}, \quad \text{对任意的 } -\infty < s, t < \infty.$$

8. 设 $W(\cdot)$ 是一维的布朗运动, 证明

$$\lim_{m\to\infty} \frac{W(m)}{m} = 0 \quad \text{a.s.}.$$

(提示: 固定 $\varepsilon > 0$, 定义事件 $A_m := \left\{\left|\frac{W(m)}{m}\right| \geqslant \varepsilon\right\}$, 则对 $N(0,1)$ 的随机变量 $X = \frac{W(m)}{\sqrt{m}}$, $A_m = \{|X| \geqslant \sqrt{m}\varepsilon\}$, 再运用 Borel-Cantelli 引理.)

9. (i) 设 $0 < \gamma \leqslant 1$, 证明如果 $f : [0,T] \to \mathbb{R}^n$ 关于指数 γ 是一致 Hölder 连续的, 则对于每一个指数 $0 < \delta < \gamma$, 它也是 Hölder 连续的.

(ii) 证明在区间 $[0,1]$ 上 $f(t) = t^\gamma$ 关于指数 γ 是一致 Hölder 连续的.

10. 设 $0 < \gamma < \frac{1}{2}$, 我们在本章中已经证明了如果 $W(\cdot)$ 是一维的布朗运动, 则对几乎每一个 ω, 存在依赖于 ω 的常数 K, 使得

$$|W(t,\omega) - W(s,\omega)| \leqslant K|t-s|^\gamma, \quad \text{对任意的 } 0 \leqslant s, t \leqslant 1. \qquad (*)$$

证明: 不存在常数 K 使得 $(*)$ 对几乎所有的 ω 成立.

11. 直接证明 $I(t) := W^2(t) - t$ 是鞅. (提示: $W^2(t) = (W(t) - W(s))^2 - W^2(s) + 2W(t)W(s)$, 取与 $\mathcal{W}(s)$ 有关的条件期望, 然后取与 $I(\cdot)$ 的历史有关的条件期望.)

第 4 章 随机积分

内容提要

- 预备知识
- Itô 积分
- Itô 公式和乘积公式
- 高维中的 Itô 积分

4.1 预备知识

回看第 1 章, 我们想要建立形如随机微分方程

$$\begin{cases} \mathrm{d}\boldsymbol{X} = \boldsymbol{b}(\boldsymbol{X}, t)\mathrm{d}t + \boldsymbol{B}(\boldsymbol{X}, t)\mathrm{d}\boldsymbol{W}, \\ \boldsymbol{X}(0) = \boldsymbol{X}_0 \end{cases} \tag{SDE}$$

的相关理论. 在第 5 章我们将会看到, 上述 (SDE) 等价于

$$\boldsymbol{X}(t) = \boldsymbol{X}_0 + \int_0^t \boldsymbol{b}(\boldsymbol{X}, s)\mathrm{d}s + \int_0^t \boldsymbol{B}(\boldsymbol{X}, s)\mathrm{d}\boldsymbol{W}, \quad t \geqslant 0. \tag{4.1}$$

然而, 在我们研究和解出这个积分方程之前, 对于一类常见的随机过程 $\boldsymbol{G}$, 我们必须先定义

$$\int_0^T \boldsymbol{G}\mathrm{d}\boldsymbol{W},$$

使得 (4.1) 的右端至少是有意义的.

但是这并不是显然的. 比如说, 由于对几乎所有的 ω, $t \mapsto \boldsymbol{W}(t, \omega)$ 的变差是无限大的, 这使得 $\displaystyle\int_0^T \boldsymbol{G}\mathrm{d}\boldsymbol{W}$ 不能被我们所熟知的定积分所定义.

4.1.1 Paley-Wiener-Zygmund 随机积分

当 $n = m = 1$ 时, 即一维情形时, Paley、Wiener 和 Zygmund[9] 给出了一个合理的定义.

定义 4.1

假设 $g:[0,T]\to\mathbb{R}$ 是连续可微函数, 且 $g(0)=g(T)=0$. 我们定义

$$\int_0^T g\mathrm{d}W := -\int_0^T g'W\mathrm{d}t.$$

♣

注意到 $\int_0^T g\mathrm{d}W$ 是一个随机变量, 但 g 是一个通常的确定的函数.

让我们来看看上述定义的随机积分所具有的性质.

引理 4.1 (Paley-Wiener-Zygmund 积分的性质)

(1) $E\left(\int_0^T g\mathrm{d}W\right)=0$;

(2) $E\left(\left(\int_0^T g\mathrm{d}W\right)^2\right)=\int_0^T g^2\mathrm{d}t$.

♡

证明 1. $E\left(\int_0^T g\mathrm{d}W\right)=-\int_0^T \underbrace{g'E(W(t))}_{=0}\mathrm{d}t$.

2. 为了证明 (2), 我们有

$$\begin{aligned}
E\left(\left(\int_0^T g\mathrm{d}W\right)^2\right) &= E\left(\int_0^T g'(t)W(t)\mathrm{d}t\int_0^T g'(s)W(s)\mathrm{d}s\right)\\
&=\int_0^T\int_0^T g'(t)g'(s)\underbrace{E(W(t)W(s))}_{=t\wedge s}\mathrm{d}s\mathrm{d}t\\
&=\int_0^T g'(t)\left(\int_0^t sg'(s)\mathrm{d}s+\int_t^T tg'(s)\mathrm{d}s\right)\mathrm{d}t\\
&=\int_0^T g'(t)\left(tg(t)-\int_0^t g\mathrm{d}s-tg(t)\right)\mathrm{d}t\\
&=\int_0^T g'(t)\left(-\int_0^t g\mathrm{d}s\right)\mathrm{d}t=\int_0^T g^2\mathrm{d}t.
\end{aligned}$$

□

定义延伸 现假定 $g\in L^2(0,T)$, 我们取 C^1 中的函数序列 g_n, 且 $g_n(0)=g_n(T)=0$, 使得 $\int_0^T(g_n-g)^2\mathrm{d}t\to 0$. 利用性质 (2), 有

$$E\left(\left(\int_0^T g_m \mathrm{d}W - \int_0^T g_n \mathrm{d}W\right)^2\right) = \int_0^T (g_m - g_n)^2 \mathrm{d}t,$$

从而 $\left\{\int_0^T g_n \mathrm{d}W\right\}_{n=1}^{\infty}$ 是 $L^2(\Omega)$ 中的 Cauchy (柯西) 列. 因此, 我们定义

$$\int_0^T g \mathrm{d}W := \lim_{n\to\infty} \int_0^T g_n \mathrm{d}W,$$

其中极限在 $L^2(\Omega)$ 中取得. 这种延伸的定义仍然满足性质 (1) 和 (2).

注 这是对 $\int_0^T g\mathrm{d}W$ 的合理定义, 但仅仅对确定性函数 $g \in L^2(0,T)$ 有意义, 对随机过程则不适用. 而 (4.1) 中的积分

$$\int_0^t \boldsymbol{B}(\boldsymbol{X}, s)\mathrm{d}\boldsymbol{W}$$

的被积函数 $\boldsymbol{B}(\boldsymbol{X}, t)$ 是一个随机过程, 从而不能满足上述的定义方法.

我们必须构架一个适用于更广泛的被积函数的定义 (尽管当函数 g 恰好是一个确定的 C^1 函数且 $g(0) = g(T) = 0$ 时, 我们最终构架的定义与 Paley、Wiener 和 Zygmund 的定义一致). □

4.1.2 黎曼和

为了继续关于随机被积函数的随机积分的研究, 我们先考虑

$$\int_0^T W \mathrm{d}W$$

的适当的定义应该是什么. 这里 $W(\cdot)$ 是一个一维的布朗运动. 一个合理的方法是构造一个黎曼和的近似, 然后如果可行的话, 取极限.

定义 4.2

(1) 设 $[0,T]$ 是一个区间, $[0,T]$ 的分割 P 是 $[0,T]$ 上一个有限点的集合

$$P := \{0 = t_0 < t_1 < \cdots < t_m = T\};$$

(2) P 的步长被定义为

$$|P| := \max_{0\leqslant k\leqslant m-1} |t_{k+1} - t_k|;$$

(3) 对固定的 $0 \leqslant \lambda \leqslant 1$, P 是 $[0,T]$ 上给定的一个分割, 设

$$\tau_k := (1-\lambda)t_k + \lambda t_{k+1}, \quad k = 0, 1, \cdots, m-1$$

为 $[t_k, t_{k+1}]$ 上的某一点, 我们定义

$$R = R(P, \lambda) := \sum_{k=0}^{m-1} W(\tau_k)(W(t_{k+1}) - W(t_k))$$

为 $\int_0^T W\mathrm{d}W$ 的黎曼和. ♣

现在, 关键的问题是: 当 λ 固定时, $P \to 0$ 时会发生什么?

引理 4.2 (二次变差)

设 $[a,b]$ 是 $[0,\infty)$ 的一个子区间, 且

$$P^n := \{a = t_0^n < t_1^n < \cdots < t_{m_n}^n = b\}$$

是 $[a,b]$ 的分割, 满足当 $n \to \infty$ 时, $|P^n| \to 0$, 则在 $L^2(\Omega)$ 中, 当 $n \to \infty$ 时, 有

$$\sum_{k=0}^{m_n-1} (W(t_{k+1}^n) - W(t_k^n))^2 \to b - a.$$

♡

证明 设 $Q_n := \sum\limits_{k=0}^{m_n-1} (W(t_{k+1}^n) - W(t_k^n))^2$, 则

$$Q_n - (b-a) = \sum_{k=0}^{m_n-1} ((W(t_{k+1}^n) - W(t_k^n))^2 - (t_{k+1}^n - t_k^n)).$$

于是

$$\begin{aligned} E((Q_n - (b-a))^2) = \sum_{k=0}^{m_n-1} \sum_{j=0}^{m_n-1} & E([(W(t_{k+1}^n) - W(t_k^n))^2 - (t_{k+1}^n - t_k^n)] \\ & \times [(W(t_{j+1}^n) - W(t_j^n))^2 - (t_{j+1}^n - t_j^n)]). \end{aligned}$$

对于 $k \neq j$, 在双求和里面的项是

$$E((W(t_{k+1}^n)-W(t_k^n))^2-(t_{k+1}^n-t_k^n))E([(W(t_{j+1}^n)-W(t_j^n))^2-(t_{j+1}^n-t_j^n)]),$$

根据独立增量性, 对于任意的 $t \geqslant s \geqslant 0$, $W(t)-W(s)$ 是 $N(0,t-s)$ 的且相互独立, 于是上式等于 0. 因此

$$E((Q_n-(b-a))^2)=\sum_{k=0}^{m_n-1}E((Y_k^2-1)^2(t_{k+1}^n-t_k^n)^2),$$

其中

$$Y_k=Y_k^n:=\frac{W(t_{k+1}^n)-W(t_k^n)}{\sqrt{t_{k+1}^n-t_k^n}} \text{ 是 } N(0,1) \text{ 的.}$$

从而存在某个常数 C, 使得

$$E((Q_n-(a-b))^2)\leqslant C\sum_{k=0}^{m_n-1}(t_{k+1}^n-t_k^n)^2\leqslant C|P^n|(b-a)\to 0, \text{ 当 } n\to\infty. \quad \square$$

注 (1) 该引理在一定程度上解释了第 1 章介绍的启发性思想, 即

$$\mathrm{d}W\approx(\mathrm{d}t)^{1/2}.$$

(2) 如果需要的话, 可以通过一个子序列, 来得到

$$\sum_{k=0}^{m_n-1}(W(t_{k+1}^n)-W(t_k^n))^2\to b-a \quad \text{a.s.}$$

选取一个 ω 使得这个式子成立并且它的样本路径关于指数 $0<\gamma<\dfrac{1}{2}$ 是 Hölder 连续的, 则存在常数 K, 使得

$$b-a\leqslant K\limsup_{n\to\infty}|P_n|^\gamma\sum_{k=0}^{m_n-1}|W(t_{k+1}^n)-W(t_k^n)|.$$

由于 $|P_n|\to 0$, 我们可以看到样本路径的变差为无限大的概率为 1, 即

$$\sup_{\text{分割}P}\left\{\sum_{k=0}^{m_n-1}|W(t_{k+1}^n)-W(t_k^n)|\right\}=\infty. \quad \square$$

现在讨论先前提出的问题, 关于黎曼逼近的极限.

引理 4.3

如果 P^n 表示 $[0,T]$ 的一个分割, 并且对固定的 $0\leqslant\lambda\leqslant 1$, 定义

$$R_n := \sum_{k=0}^{m_n-1} W(\tau_k^n)(W(t_{k+1}^n)-W(t_k^n)),$$

则在 $L^2(\Omega)$ 中, 有

$$\lim_{n\to\infty} R_n = \frac{W(T)^2}{2}+\left(\lambda-\frac{1}{2}\right)T,$$

也就是

$$E\left(\left(R_n-\frac{W(T)^2}{2}+\left(\lambda-\frac{1}{2}\right)T\right)^2\right)\to 0,\quad n\to\infty.$$

特别地, 黎曼近似和的极限依赖于点 $\tau_k^n=(1-\lambda)t_k^n+\lambda t_{k+1}^n$ 的选取. ♡

证明 我们有

$$\begin{aligned}R_n :&= \sum_{k=0}^{m_n-1} W(\tau_k^n)(W(t_{k+1}^n)-W(t_k^n))\\&=\frac{W(T)^2}{2}-\underbrace{\frac{1}{2}\sum_{k=0}^{m_n-1}(W(t_{k+1}^n)-W(t_k^n))^2}_{=:A}+\underbrace{\sum_{k=0}^{m_n-1}(W(\tau_k^n)-W(t_k^n))^2}_{=:B}\\&\quad+\underbrace{\sum_{k=0}^{m_n-1}(W(t_{k+1}^n)-W(\tau_k^n))(W(\tau_k^n)-W(t_k^n))}_{=:C}.\end{aligned}$$

根据引理 4.2, 在 $L^2(\Omega)$ 中, 当 $n\to\infty$ 时, $A\to\frac{T}{2}$. 类似地, 当 $n\to\infty$ 时, $B\to\lambda T$.

接下来, 我们考虑 C 项

$$\begin{aligned}&E\left(\left[\sum_{k=0}^{m_n-1}(W(t_{k+1}^n)-W(\tau_k^n))(W(\tau_k^n)-W(t_k^n))\right]^2\right)\\&=\sum_{k=0}^{m_n-1}E([W(t_{k+1}^n)-W(\tau_k^n)]^2)E([W(\tau_k^n)-W(t_k^n)]^2)\quad(\text{独立增量})\end{aligned}$$

$$= \sum_{k=0}^{m_n-1} (1-\lambda)(t_{k+1}^n - t_k^n)\lambda(t_{k+1}^n - t_k^n)$$

$$\leqslant \lambda(1-\lambda)T|P^n| \to 0.$$

因此, 在 $L^2(\Omega)$ 中, 当 $n \to \infty$ 时, $C \to 0$.

结合 A, B, C 项的证明, 该引理得证. □

注 事实上, Itô 积分 (将在 4.2 节讨论) 所定义的 $\int_0^T W\mathrm{d}W$ 对应于这里 $\lambda = 0$ 时的情形, 也就是

$$\int_0^T W\mathrm{d}W = \frac{W(T)^2}{2} - \frac{T}{2} \quad (\text{Itô 积分}).$$

更一般地,

$$\int_s^r W\mathrm{d}W = \frac{W^2(r) - W^2(s)}{2} - \frac{(r-s)}{2}, \quad \forall r \geqslant s \geqslant 0.$$

这不是轻易可以猜想出来的.

由 Stratonovich (斯特拉托诺维奇) 给出的另一种随机积分的定义, 即, 取 $\lambda = \frac{1}{2}$, 得到

$$\int_0^T W \circ \mathrm{d}W = \frac{W(T)^2}{2} \quad (\text{Stratonovich 积分}).$$

更多内容参见第 6 章.

我们取 $\lambda = 0$ 时, 即

$$\int_0^T W\mathrm{d}W = \frac{W(T)^2}{2} - \frac{T}{2}$$

时, 随机积分的优势是什么? 首先, 也是最重要的, 当 $G(\cdot)$ 为所谓的 "非可料" 的随机过程时, 可以通过每个区间 $[t_k^n, t_{k+1}^n]$ 左端点的值计算被积函数来建立黎曼和近似来定义

$$\int_0^T G\mathrm{d}W.$$

具体的定义将在后面给出. 其思想是用 t 表示时间, 由于我们不知道 $W(\cdot)$ 在区间 $[t_k^n, t_{k+1}^n]$ 上的行为, 所以最好使用已知的 $G(t_k^n)$ 的值近似. 事实上, $G(\cdot)$ 一般会依赖于布朗运动 $W(\cdot)$, 并且我们不知道如果 $\lambda > 0$, 在 t_k^n 以后的时间 $\tau_k^n = (1-\lambda)t_k^n + \lambda t_{k+1}^n$ 的值是多少. □

4.2 Itô 积分

4.2.1 非可料过程

设 $W(\cdot)$ 是定义在概率空间 $(\Omega, \mathcal{U}, P)$ 上的一维布朗运动.

定义 4.3

(1) σ-代数 $\mathcal{W}(t) := \mathcal{U}(W(s)|0 \leqslant s \leqslant t)$ 被称为布朗运动到达 (并包含) 时间 t 的历史.

(2) σ-代数 $\mathcal{W}^+(t) := \mathcal{U}(W(s) - W(t)|s \leqslant t)$ 是布朗运动超过时间 t 的未来. ♣

定义 4.4

一族 σ-代数 $\mathcal{F}(\cdot) \subseteq \mathcal{U}$ 被称为非可料的 (关于 $W(\cdot)$), 如果

(1) $\mathcal{F}(t) \supseteq \mathcal{F}(s), \forall t \geqslant s \geqslant 0$;

(2) $\mathcal{F}(t) \supseteq \mathcal{W}(t), \forall t \geqslant 0$;

(3) $\mathcal{F}(t)$ 独立于 $\mathcal{W}^+(t), \forall t \geqslant 0$.

我们把 $\mathcal{F}(\cdot)$ 称为域流. ♣

注 我们可以非正式地把 $\mathcal{F}(t)$ 理解为 "包含所有时间 t 的有效信息". 我们经常用以说明的例子是取 $\mathcal{F}(t) := \mathcal{U}(W(s)(0 \leqslant s \leqslant t), X_0)$, 其中 X_0 是一个独立于 $\mathcal{W}^+(0)$ 的随机变量. 这些将会在第 5 章用到, 这里 X_0 将是一个随机微分方程的初始条件 (可能是随机的). □

定义 4.5

域流 $\mathcal{F}(\cdot)$ 被称为是右连续的, 如果

$$\mathcal{F}(t) = \bigcap_{s<t} \mathcal{F}(s), \quad \forall t \geqslant 0.$$

♣

定义 4.6

一个实值随机过程 $G(\cdot)$ 被称为非可料的 (关于 $\mathcal{F}(\cdot)$), 如果对任意时间 $t \geqslant 0$, $G(t)$ 是 $\mathcal{F}(t)$-可测的. ♣

该定义的思想是对任意时间 $t \geqslant 0$ 随机变量 $G(t)$ "仅依赖于 σ-代数 $\mathcal{F}(t)$ 中的有效信息".

注 事实上, 我们需要更强一些的概念, 即 $G(\cdot)$ 是**循序可测**的. 然而, 这个概念的定义略微复杂, 我们在这里不做详细说明. 大致的思想是 $G(\cdot)$ 是非可料的,

除此之外, 关于变量 t 和 ω 有适当联合可测性. □

这些测度理论可能让读者感到困扰, 所以我们先停止讨论这些内容. 接下来强调一下后续知识的要点. **对于循序可测的被积函数 $G(\cdot)$, 我们将利用一些简单有用的公式来定义和理解随机积分** $\int_0^T G\mathrm{d}W$. 换句话说, 我们将看到, 由于在任意时间点上 "G 仅取决于布朗运动的过去历史", 从而有一些常用的公式成立. 如果 "G 取决于布朗运动的未来行为", 则那些公式将不成立.

定义 4.7

(1) 我们用 $\mathbb{L}^2(0,T)$ 表示使得

$$E\left(\int_0^T G^2\mathrm{d}t\right) < \infty$$

的所有实值循序可测随机过程 $G(\cdot)$ 构成的空间;

(2) 类似地, $\mathbb{L}^1(0,T)$ 表示使得

$$E\left(\int_0^T |F|\mathrm{d}t\right) < \infty$$

的所有实值循序可测随机过程 $F(\cdot)$ 构成的空间. ♣

4.2.2 阶梯过程

定义 4.8

过程 $G \in \mathbb{L}^2(0,T)$ 被称为阶梯过程, 如果存在分割 $P=\{0=t_0<t_1<\cdots<t_m=T\}$, 使得

$$G(t) \equiv G_k, \quad t_k \leqslant t < t_{k+1},\ k=0,1,\cdots,m-1,$$

其中每个 G_k 是 $\mathcal{F}(t_k)$-可测的随机变量. ♣

定义 4.9

设 $G \in \mathbb{L}^2(0,T)$ 是阶梯过程, 则

$$\int_0^T G\mathrm{d}W := \sum_{k=0}^{m-1} G_k(W(t_{k+1}) - W(t_k))$$

是 G 在区间 $(0,T)$ 上的 Itô 随机积分. ♣

需要注意的是, 上式是一个随机变量.

引理 4.4 (阶梯过程随机积分的性质)

对任意常数 $a, b \in \mathbb{R}$ 以及任意阶梯过程 $G, H \in \mathbb{L}^2(0,T)$, 我们有

(1)

$$\int_0^T aG + bH\mathrm{d}W = c\int_0^T G\mathrm{d}W + b\int_0^T H\mathrm{d}W;$$

(2)

$$E\left(\int_0^T G\mathrm{d}W\right) = 0;$$

(3)

$$E\left(\left(\int_0^T G\mathrm{d}W\right)^2\right) = E\left(\int_0^T G^2\mathrm{d}t\right).$$

证明 1. 第一个结论很容易验证.

假定 $G(t) \equiv G_k$, $t_k \leqslant t < t_{k+1}$, 则

$$E\left(\int_0^T G\mathrm{d}W\right) = \sum_{k=0}^{m-1} E(G_k(W(t_{k+1}) - W(t_k))).$$

现在 G_k 是 $\mathcal{F}(t_k)$-可测的, 并且 $\mathcal{F}(t_k)$ 独立于 $\mathcal{W}^+(t_k)$. 另一方面, $W(t_{k+1})-W(t_k)$ 是 $\mathcal{W}^+(t_k)$-可测的, 并且 G_k 独立于 $W(t_{k+1}) - W(t_k)$. 因此

$$E(G_k(W(t_{k+1}) - W(t_k))) = E(G_k)\underbrace{E(W(t_{k+1}) - W(t_k))}_{=0}.$$

2. 进一步地,

$$E\left(\left(\int_0^T G\mathrm{d}W\right)^2\right) = \sum_{k,j=1}^{m-1} E(G_kG_j(W(t_{k+1}) - W(t_k))(W(t_{j+1}) - W(t_j))),$$

如果 $j < k$, 则 $W(t_{k+1}) - W(t_k)$ 独立于 $G_kG_j(W(t_{j+1}) - W(t_j))$. 于是

$$E(G_kG_j(W(t_{k+1}) - W(t_k))(W(t_{j+1}) - W(t_j)))$$

$$= \underbrace{E(G_k G_j (W(t_{j+1}) - W(t_j)))}_{<\infty} \underbrace{E(W(t_{k+1}) - W(t_k))}_{=0}.$$

因此,

$$\begin{aligned} E\left(\left(\int_0^T G\mathrm{d}W\right)^2\right) &= \sum_{k=0}^{m-1} E(G_k^2 (W(t_{k+1}) - W(t_k))^2) \\ &= \sum_{k=0}^{m-1} E(G_k^2) \underbrace{E((W(t_{k+1}) - W(t_k))^2)}_{t_{k+1}-t_k} \\ &= E\left(\int_0^T G^2 \mathrm{d}t\right). \end{aligned}$$

□

接下来我们使用 $\mathbb{L}^2(0,T)$ 中的阶梯过程来逼近任意的随机过程 $G \in \mathbb{L}^2(0,T)$, 并且通过取极限来定义 G 的 Itô 积分.

引理 4.5 (阶梯过程近似)

如果 $G \in \mathbb{L}^2(0,T)$, 则存在有界的阶梯过程序列 $G^n \in \mathbb{L}^2(0,T)$, 使得

$$E\left(\int_0^T |G - G^n|^2 \mathrm{d}t\right) \to 0.$$

♡

证明概述 我们省略证明过程, 只给出大致思路.

(1) 如果 $t \mapsto G(t,\omega)$ 对几乎所有的 ω 是连续的, 我们可以令

$$G^n(t) := G\left(\frac{k}{n}\right), \quad \frac{k}{n} \leqslant t < \frac{k+1}{n}, \ k = 0, 1, \cdots, [nT].$$

(2) 对于更一般的过程 $G \in \mathbb{L}^2(0,T)$, 定义

$$G^m(t) := \int_0^t m\mathrm{e}^{m(s-t)} G(s)\mathrm{d}s.$$

则 $G^m \in \mathbb{L}^2(0,T)$, $t \mapsto G^m(t,\omega)$ 对 a.e.ω 是连续的, 并且

$$\int_0^T |G^m - G|^2 \mathrm{d}t \to 0 \quad \text{a.s.},$$

根据 (1), 可以用阶梯函数逼近 G^m.

□

4.2.3 Itô 积分的定义和性质

定义 4.10

如果 $G \in \mathbb{L}^2(0,T)$, 取阶梯过程 G^n, 则

$$E\left(\left(\int_0^T G^n - G^m \mathrm{d}W\right)^2\right) = E\left(\int_0^T (G^n - G^m)^2 \mathrm{d}t\right) \to 0, \quad n, m \to \infty,$$

则极限

$$\int_0^T G\mathrm{d}W := \lim_{n\to\infty} \int_0^T G^n \mathrm{d}W$$

在 $L^2(\Omega)$ 中存在, 我们称该极限为 G 的 Itô 积分. ♣

不难证明上述定义不依赖于在 $\mathbb{L}^2(0,T)$ 中选取的阶梯逼近序列.

定理 4.1 (Itô 积分的性质)

对任意常数 $a, b \in \mathbb{R}$ 和任意的 $G, H \in \mathbb{L}^2(0,T)$, 我们有

(1)

$$\int_0^T aG + bH\mathrm{d}W = a\int_0^T G\mathrm{d}W + b\int_0^T H\mathrm{d}W;$$

(2)

$$E\left(\int_0^T G\mathrm{d}W\right) = 0;$$

(3)

$$E\left(\left(\int_0^T G\mathrm{d}W\right)^2\right) = E\left(\int_0^T G^2\mathrm{d}t\right);$$

(4)

$$E\left(\int_0^T G\mathrm{d}W \int_0^T H\mathrm{d}W\right) = E\left(\int_0^T GH\mathrm{d}t\right).$$

♡

证明 1. 结论 (1) 根据阶梯过程的相应的线性性质可以立即得到.

2. 结论 (2) 和 (3) 也可以基于阶梯过程简单推出.

3. 最后, 结论 (4) 由 (3) 和等式 $2ab=(a+b)^2-a^2-b^2$ 得到. 我们把它作为一个练习. □

例题 4.1 设 f 是连续函数, 考虑 $\int_0^1 f(W)\mathrm{d}W$.

由于 $W(t)$ 有连续的样本路径, 所以 $f(W(t))$ 在 $[0,1]$ 上也有连续的样本路径, 从而 $\int_0^1 f(W)\mathrm{d}W$ 有定义. 然而选取不同的 f, 该积分的矩可能存在也可能不存在. 如:

当 $f(x)=x$ 时, 有

$$E\left(\int_0^1 W\mathrm{d}W\right)=0;$$

$$E\left(\int_0^1 W\mathrm{d}W\right)^2=\int_0^1 E(W^2(t))\mathrm{d}t=\frac{1}{2}.$$

当 $f(x)=\mathrm{e}^{x^2}$ 时, 考虑

$$\int_0^1 \mathrm{e}^{W^2}\mathrm{d}W.$$

虽然积分存在, 但当 $t\geqslant\frac{1}{4}$ 时, $E(\mathrm{e}^{2W^2(t)})=\infty$, 所以

$$\int_0^1 E(\mathrm{e}^{2W^2(t)})\mathrm{d}t=\infty,$$

即二阶矩不存在. □

4.2.4 定义扩展

在许多应用中, 需要考虑更广泛的被积函数, 而不只在 $\mathbb{L}^2(0,T)$ 中是很重要的.

定义 4.11

定义 $\mathbb{M}^2(0,T)$ 为使得

$$\int_0^T G^2\mathrm{d}t<\infty \quad \text{a.s.}$$

成立的所有实值循序可测过程 $G(\cdot)$ 构成的空间. ♣

可以扩展 Itô 积分的定义以覆盖 $\mathbb{M}^2(0,T)$ 中的函数, 尽管在本书中不会涉及这部分内容. 扩展思想是找到一个阶梯过程序列 $G^n \in \mathbb{M}^2(0,T)$, 使得

$$\int_0^T (G-G^n)^2 \mathrm{d}t \to 0 \quad \text{a.s.}, \quad n \to \infty.$$

从而我们可以进一步定义

$$\int_0^T G\mathrm{d}W := \lim_{n\to\infty} \int_0^T G^n \mathrm{d}W,$$

等式右端依概率收敛. 具体参见文献 [10–12].

注　黎曼和的更多讨论　特别地, 如果 $G \in \mathbb{M}^2(0,T)$, 并且 $t \mapsto G(t,\omega)$ 对 a.e. ω 是连续的, 则

$$\sum_{k=0}^{m_n-1} G(t_k^n)(W(t_{k+1}^n) - W(t_k^n)) \to \int_0^T G\mathrm{d}W$$

依概率, 其中 $P^n = \{0 = t_0^n < \cdots < t_{m_n}^n = T\}$ 是分割序列, 且 $|P^n| \to 0$. 这证实了当以 $\tau_k^n = t_k^n$ 时, Itô 积分与之前运用黎曼和进行的计算是一致的. □

4.2.5 Itô 不定积分

定义 4.12

对于 $G \in \mathbb{L}^2(0,T)$, 定义

$$I(t) := \int_0^t G\mathrm{d}W, \quad 0 \leqslant t \leqslant T$$

为 $G(\cdot)$ 的不定积分. ♣

注意到 $I(0) = 0$.

在这一小节, 我们给出过程 $I(\cdot)$ 的一些性质, 即它是一个鞅并且有连续的样本路径 a.s.. 这些事实在后面的 4.3 节中证明 Itô 链式法则以及第 5 章中求解随机微分方程时非常有用.

定理 4.2

(1) 如果 $G \in \mathbb{L}^2(0,T)$, 则不定积分 $I(\cdot)$ 是一个鞅;

(2) 进一步地, $I(\cdot)$ 有一个 a.s. 具有连续样本路径的等价形. ♡

以后当我们提到 $I(\cdot)$, 都是指它的等价形. 我们不证明结论 (1), 而 (2) 的证明见附录 C.

4.3 Itô 公式和乘积公式

4.3.1 Itô 公式

定义 4.13

假设 $X(\cdot)$ 是一个实值随机过程且满足

$$X(r) = X(s) + \int_s^r F\mathrm{d}t + \int_s^r G\mathrm{d}W,$$

其中 $F \in \mathbb{L}^1(0,T)$, $G \in \mathbb{L}^2(0,T)$, 并且 $0 \leqslant s \leqslant r \leqslant T$, 则我们称 $X(\cdot)$ 满足随机微分方程

$$\mathrm{d}X = F\mathrm{d}t + G\mathrm{d}W,$$

其中 $0 \leqslant t \leqslant T$. ♣

注意微分形式仅仅是上述的积分表达式的一种简写方式. 严格来说, 单独给出 "dX"、"dt" 和 "dW" 是没有意义的.

定理 4.3 (Itô 公式)

假设 $X(\cdot)$ 满足随机微分方程

$$\mathrm{d}X = F\mathrm{d}t + G\mathrm{d}W,$$

其中 $F \in \mathbb{L}^1(0,T)$, $G \in \mathbb{L}^2(0,T)$. 假定 $u : \mathbb{R} \times [0,T] \to \mathbb{R}$ 是连续的, 且 $\dfrac{\partial u}{\partial t}, \dfrac{\partial u}{\partial x}, \dfrac{\partial^2 u}{\partial x^2}$ 存在且均是连续的, 设

$$Y(t) := u(X(t),t),$$

则 Y 满足

$$\begin{aligned} \mathrm{d}Y &= \frac{\partial u}{\partial t}\mathrm{d}t + \frac{\partial u}{\partial x}\mathrm{d}X + \frac{1}{2}\frac{\partial^2 u}{\partial x^2}G^2\mathrm{d}t \\ &= \left(\frac{\partial u}{\partial t} + \frac{\partial u}{\partial x}F + \frac{1}{2}\frac{\partial^2 u}{\partial x^2}G^2\right)\mathrm{d}t + \frac{\partial u}{\partial x}G\mathrm{d}W. \end{aligned} \tag{4.2}$$

♡

我们称 (4.2) 为 **Itô 公式** (或者 **Itô 链式法则**).

注 (1) 定理中的 $\dfrac{\partial u}{\partial x}, \dfrac{\partial u}{\partial t}$ 的求导变元分别是 $X(t)$ 和 t;

(2) (4.2) 意味着对任意的 $0 \leqslant s \leqslant r \leqslant T$, 有

$$\begin{aligned}Y(r)-Y(s) &= u(X(r),r)-u(X(s),s)\\ &= \int_s^r \frac{\partial u}{\partial t}(X,t)+\frac{\partial u}{\partial x}(X,t)F+\frac{1}{2}\frac{\partial^2 u}{\partial x^2}(X,t)G^2\mathrm{d}t\\ &\quad+\int_s^r \frac{\partial u}{\partial x}(X,t)G\mathrm{d}W \quad \text{a.s.}.\end{aligned} \tag{4.3}$$

(3) 因为 $X(t)=X(0)+\int_0^t F\mathrm{d}s+\int_0^t G\mathrm{d}W$, $X(\cdot)$ 几乎必然有连续的样本路径, 于是对几乎所有的 ω, 函数 $t \mapsto \dfrac{\partial u}{\partial t}(X(t),t)$, $\dfrac{\partial u}{\partial x}(X(t),t)$, $\dfrac{\partial^2 u}{\partial x^2}(X(t),t)$ 是连续的. 因此 (4.3) 中的积分是有意义的. □

4.3.2 Itô 公式的应用

在证明 Itô 公式之前, 我们先给出一些应用.

例题 4.2 令 $X(\cdot)=W(\cdot)$, $u(x)=u^m$, 则 $\mathrm{d}X=\mathrm{d}W$, 于是 $F\equiv 0$, $G\equiv 1$. 因此, 由 Itô 公式有

$$\mathrm{d}(W^n)=mW^{m-1}\mathrm{d}W+\frac{1}{2}m(m-1)W^{m-2}\mathrm{d}t.$$

特别地, 当 $m=2$ 时, 有

$$\mathrm{d}W^2=2W\mathrm{d}W+\mathrm{d}t.$$

积分后得到

$$\int_s^r W\mathrm{d}W=\frac{W^2(r)-W^2(s)}{2}-\frac{r-s}{2},$$

这就是我们在 4.1.2 小节中所讨论的随机积分. □

例题 4.3 同样取 $X(\cdot)=W(\cdot)$, $u(x,t)=\mathrm{e}^{\lambda x-\frac{\lambda^2 t}{2}}$, $F\equiv 0$, $G\equiv 1$, 则根据 Itô 公式, 有

$$\mathrm{d}\left(\mathrm{e}^{\lambda W(t)-\frac{\lambda^2 t}{2}}\right)=\left(-\frac{\lambda^2}{2}\mathrm{e}^{\lambda W(t)-\frac{\lambda^2 t}{2}}+\frac{\lambda^2}{2}\mathrm{e}^{\lambda W(t)-\frac{\lambda^2 t}{2}}\right)\mathrm{d}t+\lambda\mathrm{e}^{\lambda W(t)-\frac{\lambda^2 t}{2}}\mathrm{d}W.$$

如果令

$$Y(t)=\mathrm{e}^{\lambda W(t)-\frac{\lambda^2 t}{2}},$$

于是有

$$\begin{cases} \mathrm{d}Y = \lambda Y \mathrm{d}W, \\ Y(0) = 1. \end{cases}$$

这就是一个随机微分方程, 关于其更多的描述将在第 5 章和第 6 章给出. □

在 Itô 随机微积分中, $\mathrm{e}^{\lambda W(t)-\frac{\lambda^2 t}{2}}$ 起着与 $\mathrm{e}^{\lambda t}$ 在通常的分析中类似的作用. 我们通过如下例子来说明.

例题 4.4 (Hermite (埃尔米特) 多项式) 对 $n = 0, 1, \cdots$, 定义 n 阶 Hermite 多项式

$$h_n(x,t) := \frac{(-t)^n}{n!}\mathrm{e}^{\frac{x^2}{2t}}\frac{\mathrm{d}^n}{\mathrm{d}x^n}\left(\mathrm{e}^{-\frac{x^2}{2t}}\right),$$

则

$$h_0(x,t) = 1, \quad h_1(x,t) = x,$$

$$h_2(x,t) = \frac{x^2}{2} - \frac{t}{2}, \quad h_3(x,t) = \frac{x^3}{6} - \frac{tx}{2},$$

$$h_4(x,t) = \frac{x^4}{24} - \frac{tx^2}{4} + \frac{t^2}{8}, \cdots.$$

□

定理 4.4

我们有

$$\int_0^t h_n(W,s)\mathrm{d}W = h_{n+1}(W(t),t), \quad t \geqslant 0, \ n = 0, 1, \cdots,$$

也就是说

$$\mathrm{d}h_{n+1}(W,t) = h_n(W,t)\mathrm{d}W.$$

♡

因此, 在 Itô 随机微积分中, $h_n(W(t),t)$ 的作用类似于 $\frac{t^n}{n!}$ 在通常的微积分下起到的作用.

证明 因为

$$\frac{\mathrm{d}^n}{\mathrm{d}\lambda^n}\left(\mathrm{e}^{-\frac{(x-\lambda t)^2}{2t}}\right)\bigg|_{\lambda=0} = (-t)^n \frac{\mathrm{d}^n}{\mathrm{d}x^n}\left(\mathrm{e}^{-\frac{x^2}{2t}}\right),$$

我们有

$$\frac{\mathrm{d}^n}{\mathrm{d}\lambda^n}\left(\mathrm{e}^{\lambda x-\frac{\lambda^2 t}{2}}\right)\bigg|_{\lambda=0} = (-t)^n \mathrm{e}^{\frac{x^2}{2t}}\frac{\mathrm{d}^n}{\mathrm{d}x^n}\left(\mathrm{e}^{-\frac{x^2}{2t}}\right) = n!h_n(x,t).$$

于是

$$e^{\lambda x-\frac{\lambda^2 t}{2}}=\sum_{n=0}^{\infty}\lambda^n h_n(x,t)$$

且

$$Y(t)=e^{\lambda W(t)-\frac{\lambda^2 t}{2}}=\sum_{n=0}^{\infty}\lambda^n h_n(W(t),t).$$

但是根据前例, $Y(\cdot)$ 是

$$\begin{cases} dY=\lambda Y dW, \\ Y(0)=1 \end{cases}$$

的解, 也就是说

$$Y(t)=1+\lambda\int_0^t Y dW, \quad \forall\, t\geqslant 0.$$

代入 $Y(t)$ 的展开式, 得到

$$\begin{aligned}\sum_{n=0}^{\infty}\lambda^n h_n(W(t),t)&=1+\lambda\int_0^t\sum_{n=0}^{\infty}\lambda^n h_n(W(s),s)dW\\&=1+\sum_{n=1}^{\infty}\lambda^n\int_0^t h_{n-1}(W(s),s)dW.\end{aligned}$$

这个等式对于任意的 λ 都成立, 所以两边 λ^n 的系数都相等. □

4.3.3 Itô 乘积公式

首先, 我们直接验证两个重要的特殊情形.

引理 4.6 (两个简单的随机微分)

我们有

(1) $d(W^2)=2WdW+dt$;

(2) $d(tW)=Wdt+tdW$. ♡

证明 (1) 已经在前文验证过了. 下证 (2), 注意到

$$\int_0^r t dW=\lim_{n\to\infty}\sum_{k=0}^{m_n-1}t_k^n(W(t_{k+1}^n)-W(t_k^n)),$$

其中 $P^n = \{0 = t_0^n < t_1^n < \cdots < t_{m_n}^n = r\}$ 是 $[0, r]$ 的分割序列, 并且 $|P^n| \to 0$. 上面的极限是在 $L^2(\Omega)$ 中成立.

类似地, 因为 $t \mapsto W(t)$ a.s. 连续, 所以

$$\int_0^r W\mathrm{d}t = \lim_{n\to\infty} \sum_{k=0}^{m_n-1} W(t_{k+1}^n)(t_{k+1}^n - t_k^n),$$

由于对几乎所有的 ω, 这里求和是黎曼近似, 并且可以取右端点 t_{k+1}^n 去估计连续的被积函数.

结合这些公式, 我们得到

$$\int_0^r t\mathrm{d}W + \int_0^r W\mathrm{d}t = rW(r).$$

这即为 (2) 的积分形式. □

根据这些特殊情形, 我们现在证明:

定理 4.5 (Itô 乘积公式)

假设

$$\begin{cases} \mathrm{d}X_1 = F_1\mathrm{d}t + G_1\mathrm{d}W, \\ \mathrm{d}X_2 = F_2\mathrm{d}t + G_2\mathrm{d}W, \end{cases} \quad 0 \leqslant t \leqslant T,$$

其中 $F_i \in \mathbb{L}^1(0, T)$, $G_i \in \mathbb{L}^2(0, T)$, $i = 1, 2$, 则

$$\mathrm{d}(X_1X_2) = X_2\mathrm{d}X_1 + X_1\mathrm{d}X_2 + G_1G_2\mathrm{d}t. \tag{4.4}$$

♡

注 (1) 这里 $G_1G_2\mathrm{d}t$ 是 Itô 修正项.

(2) 乘积公式的积分形式是 Itô 分部积分公式

$$\int_s^r X_2\mathrm{d}X_1 = X_1(r)X_2(r) - X_1(s)X_2(s) - \int_s^r X_1\mathrm{d}X_2 - \int_s^r G_1G_2\mathrm{d}t. \tag{4.5}$$

(3) 如果 G_1 或者 G_2 恒等于 0, 我们得到通常的分部积分公式. 这与 Paley、Wiener 和 Zygmund 定义的

$$\int_0^1 g\mathrm{d}W = -\int_0^1 g'W\mathrm{d}t,$$

对于确定的 C^1 函数 g, 并且 $g(0) = g(1) = 0$ 是一致的, 见 4.1.1 小节. □

证明 1. 令 $0 \leqslant r \leqslant T$. 为了方便, 假设 $X_1(0) = X_2(0) = 0$, $F_i(t) \equiv F_i$, $G_i(t) \equiv G_i$, 这里 F_i, G_i 是不依赖于时间的 $\mathcal{F}(0)$-可测随机变量, $(i = 1, 2)$, 则

$$X_i = F_i t + G_i W(t), \quad t \geqslant 0,\ i = 1, 2,$$

于是

$$\begin{aligned}
&\int_0^r X_2 \mathrm{d}X_1 + X_1 \mathrm{d}X_2 + G_1 G_2 \mathrm{d}t \\
= &\int_0^r (X_1 F_2 + X_2 F_1)\,\mathrm{d}t + \int_0^r (X_1 G_2 + X_2 G_1)\,\mathrm{d}W + \int_0^r G_1 G_2 \mathrm{d}t \\
= &\int_0^r (F_1 t + G_1 W) F_2 + (F_2 t + G_2 W) F_1 \mathrm{d}t \\
&+ \int_0^r [(F_1 t + G_1 W) G_2 + (F_2 t + G_2 W) G_1]\,\mathrm{d}W + G_1 G_2 r \\
= &F_1 F_2 r^2 + (G_1 F_2 + G_2 F_1)\left[\int_0^r W \mathrm{d}t + \int_0^r t \mathrm{d}W\right] + 2 G_1 G_2 \int_0^r W \mathrm{d}W + G_1 G_2 r.
\end{aligned}$$

由引理 4.6 知, $2\int_0^r W \mathrm{d}W = W^2(r) - r$, $\int_0^r W \mathrm{d}t + \int_0^r t \mathrm{d}W = rW(r)$, 我们推出

$$\begin{aligned}
\int_0^r X_2 \mathrm{d}X_1 + X_1 \mathrm{d}X_2 + G_1 G_2 \mathrm{d}t &= F_1 F_2 r^2 + (G_1 F_2 + G_2 F_1) r W(r) + G_1 G_2 W^2(r) \\
&= X_1(r) X_2(r).
\end{aligned}$$

这是公式 (4.4) 在 $s = 0$, $X_i(0) = 0$, 并且 F_i, G_i 是不依赖于时间的随机变量时的特殊情形.

当 $s \geqslant 0$, $X_1(s)$, $X_2(s)$ 是任意的, 并且 F_i, G_i 是常数的 $\mathcal{F}(s)$-可测随机变量时的情形也可以类似证明.

2. 如果 F_i, G_i 是阶梯过程, 我们把第 1 步的演算过程应用在每个子区间 $[t_k, t_{k+1})$ 上, 在此区间上 F_i, G_i 是常数随机变量. 我们将得到的积分表达式相加即可.

3. 在一般情形下, 我们选择阶梯过程 $F_i^n \in \mathbb{L}^1(0, T)$, $G_i^n \in \mathbb{L}^2(0, T)$, 并且

$$\begin{cases}
E\left(\displaystyle\int_0^T |F_i^n - F_i| \mathrm{d}t\right) \to 0, \\
E\left(\displaystyle\int_0^T (G_i^n - G_i\right)^2 \mathrm{d}t) \to 0,
\end{cases} \quad n \to \infty,\ i = 1, 2.$$

定义

$$X_i^n(t) := X_i(0) + \int_0^T F_i^n \mathrm{d}s + \int_0^T G_i^n \mathrm{d}W, \quad i = 1, 2.$$

在 (s, r) 上, 我们把第 2 步运用到 $X_i^n(\cdot)$ 上, 并取极限, 得到

$$X_1(r)X_2(r) = X_1(s)X_2(s) + \int_s^r X_1 \mathrm{d}X_2 + X_2 \mathrm{d}X_1 + G_1 G_2 \mathrm{d}t. \qquad \square$$

4.3.4 Itô 公式的证明

现在我们证明 Itô 公式. 假定 X 满足随机微分方程 $\mathrm{d}X = F\mathrm{d}t + G\mathrm{d}W$, 并且 $F \in \mathbb{L}^1(0, T)$, $G \in \mathbb{L}^2(0, T)$. 另外, 假定 $u : \mathbb{R} \times [0, T] \to \mathbb{R}$ 是连续的, 且 $\dfrac{\partial u}{\partial t}, \dfrac{\partial u}{\partial x}, \dfrac{\partial^2 u}{\partial x^2}$ 存在且均是连续的. 根据函数 u 的 Taylor (泰勒) 展开式, 我们有

$$\begin{aligned}
\mathrm{d}u(X(t), t) &= \frac{\partial u}{\partial t}\mathrm{d}t + \frac{\partial u}{\partial x}\mathrm{d}X + \frac{1}{2}\left[\frac{\partial^2 u}{\partial t^2}(\mathrm{d}t)^2 + 2\frac{\partial^2 u}{\partial t \partial x}\mathrm{d}t\mathrm{d}X + \frac{\partial^2 u}{\partial x^2}(\mathrm{d}X)^2\right] + \text{高阶项} \\
&= \frac{\partial u}{\partial t}\mathrm{d}t + \frac{\partial u}{\partial x}(F\mathrm{d}t + G\mathrm{d}W) + \frac{1}{2}\left[\frac{\partial^2 u}{\partial t^2}(\mathrm{d}t)^2 + 2\frac{\partial^2 u}{\partial t \partial x}\mathrm{d}t(F\mathrm{d}t + G\mathrm{d}W)\right. \\
&\quad \left. + \frac{\partial^2 u}{\partial x^2}(F\mathrm{d}t + G\mathrm{d}W)^2\right] + \text{高阶项},
\end{aligned}$$

注意到: $(\mathrm{d}t)^2 = \mathrm{d}t\mathrm{d}W = 0$, $(\mathrm{d}W)^2 = \mathrm{d}t$, 从而有

$$\mathrm{d}u(X(t), t) = \left(\frac{\partial u}{\partial t} + \frac{\partial u}{\partial x}F + \frac{1}{2}\frac{\partial^2 u}{\partial x^2}G^2\right)\mathrm{d}t + \frac{\partial u}{\partial x}G\mathrm{d}W. \qquad \square$$

4.3.5 更一般的 Itô 公式

我们可以将 Itô 公式拓展到多元函数中.

定理 4.6

假定

$$\mathrm{d}X^i = F^i \mathrm{d}t + G^i \mathrm{d}W,$$

其中 $F^i \in \mathbb{L}^1(0, T)$, $G^i \in \mathbb{L}^2(0, T)$, $i = 1, \cdots, n$.

如果 $u:\mathbb{R}^n\times[0,T]\to\mathbb{R}$ 是连续的，并有连续的偏导数 $\dfrac{\partial u}{\partial t}$, $\dfrac{\partial u}{\partial x_i}$, $\dfrac{\partial^2 u}{\partial x_i\partial x_j}$, $(i,j=1,\cdots,n)$, 则

$$\mathrm{d}(u(X^1,\cdots,X^n,t))=\frac{\partial u}{\partial t}\mathrm{d}t+\sum_{i=1}^{n}\frac{\partial u}{\partial x_i}\mathrm{d}X^i+\frac{1}{2}\sum_{i,j=1}^{n}\frac{\partial^2 u}{\partial x_i\partial x_j}G^iG^j\mathrm{d}t.$$

♡

4.4 高维中的 Itô 积分

4.4.1 符号和定义

先给出以下符号.

(1) 设 $\boldsymbol{W}(\cdot)=(W^1(\cdot),\cdots,W^m(\cdot))$ 是一个 m-维布朗运动.

(2) 我们假设 $\mathcal{F}(\cdot)$ 是一族非可料的 σ-代数, 这意味着

(2.1) $\mathcal{F}(t)\supseteq\mathcal{F}(s)$, $\forall t\geqslant s\geqslant 0$;

(2.2) $\mathcal{F}(t)\supseteq\mathcal{W}(t)=\mathcal{U}(\boldsymbol{W}(s)|0\leqslant s\leqslant t)$;

(2.3) $\mathcal{F}(t)$ 独立于 $\mathcal{W}^+(t):=\mathcal{U}(\boldsymbol{W}(s)-\boldsymbol{W}(t)|t\leqslant s<\infty)$.

定义 4.14

(1) 我们称一个 $\mathbb{M}^{n\times m}$-值随机过程 $\boldsymbol{G}=((G^{ij}))$ 属于 $\mathbb{L}^2_{n\times m}(0,T)$, 如果

$$G^{ij}\in\mathbb{L}^2(0,T),\quad i=1,\cdots,n;\ j=1,\cdots,m.$$

(2) 我们称一个 $\mathbb{R}^n$-值随机过程 $\boldsymbol{F}=(F^1,F^2,\cdots,F^n)$ 属于 $\mathbb{L}^1_n(0,T)$, 如果

$$F^i\in\mathbb{L}^1(0,T),\quad i=1,\cdots,n.$$

♣

定义 4.15

如果 $\boldsymbol{G}\in\mathbb{L}^2_{n\times m}(0,T)$, 则

$$\int_0^T\boldsymbol{G}\mathrm{d}\boldsymbol{W}$$

是一个 $\mathbb{R}^n$-值随机变量, 它的第 i 个分量是

$$\sum_{j=1}^{m}\int_0^T G^{ij}\mathrm{d}W^j,\quad i=1,\cdots,n.$$

♣

如前所述, 通过阶梯过程的近似, 我们有

引理 4.7

如果 $\boldsymbol{G}\in\mathbb{L}^2_{n\times m}(0,T)$, 则

$$E\left(\int_0^T \boldsymbol{G}\mathrm{d}\boldsymbol{W}\right)=0,$$

并且

$$E\left(\left|\int_0^T \boldsymbol{G}\mathrm{d}\boldsymbol{W}\right|^2\right)=E\left(\int_0^T|\boldsymbol{G}|^2\mathrm{d}t\right),$$

这里 $|\boldsymbol{G}|^2:=\sum\limits_{1\leqslant i\leqslant n,1\leqslant j\leqslant m}|G^{ij}|^2$. ♡

定义 4.16

如果 $\boldsymbol{X}(\cdot)=(X^1(\cdot),\cdots,X^n(\cdot))$ 是一个 $\mathbb{R}^n$-值随机过程且使得

$$\boldsymbol{X}(r)=\boldsymbol{X}(s)+\int_s^r\boldsymbol{F}\mathrm{d}t+\int_s^r\boldsymbol{G}\mathrm{d}\boldsymbol{W},$$

其中 $\boldsymbol{F}\in\mathbb{L}^1_n(0,T)$, $\boldsymbol{G}\in\mathbb{L}^2_{n\times m}(0,T)$, $0\leqslant s\leqslant r\leqslant T$, 我们称 $\boldsymbol{X}(\cdot)$ 满足随机微分方程

$$\mathrm{d}\boldsymbol{X}=\boldsymbol{F}\mathrm{d}t+\boldsymbol{G}\mathrm{d}\boldsymbol{W}.$$

♣

即

$$\mathrm{d}X^i=F^i\mathrm{d}t+\sum_{j=1}^m G^{ij}\mathrm{d}W^j,\quad i=1,\cdots,n.$$

4.4.2 Itô 公式和乘积公式

定理 4.7 (n-维 Itô 公式)

假定

$$\mathrm{d}\boldsymbol{X}=\boldsymbol{F}\mathrm{d}t+\boldsymbol{G}\mathrm{d}\boldsymbol{W}.$$

设 $u:\mathbb{R}^n\times[0,T]\to\mathbb{R}$ 是连续的, 并且有连续的偏导数 $\dfrac{\partial u}{\partial t},\dfrac{\partial u}{\partial x_i},\dfrac{\partial^2 u}{\partial x_i\partial x_j}$

$(i,j=1,\cdots,n)$, 则

$$\mathrm{d}(u(\boldsymbol{X}(t),t))=\frac{\partial u}{\partial t}\mathrm{d}t+\sum_{i=1}^{n}\frac{\partial u}{\partial x_i}\mathrm{d}X^i+\frac{1}{2}\sum_{i,j=1}^{n}\frac{\partial^2 u}{\partial x_i\partial x_j}\sum_{l=1}^{m}G^{il}G^{jl}\mathrm{d}t, \quad (4.6)$$

这里 u 求导的变元是 $(\boldsymbol{X}(t),t)$. ♡

该定理的证明可以从如下一些结论得到.

引理 4.8 (另一个简单的随机微分)

设 $W(\cdot)$ 和 $\bar{W}(\cdot)$ 是独立的一维布朗运动, 则

$$\mathrm{d}(W\bar{W})=W\mathrm{d}\bar{W}+\bar{W}\mathrm{d}W.$$

♡

与 $W=\bar{W}$ 时的情形相比, 这里没有修正项 $\mathrm{d}t$, 这是因为 W 和 $\bar{W}$ 是独立的.

证明 1. 设

$$X(t):=\frac{W(t)+\bar{W}(t)}{\sqrt{2}}.$$

我们可以得到 $X(\cdot)$ 是一维布朗运动. 为了证明这一点, 首先注意到 $X(0)=0$ a.s., 并且 $X(\cdot)$ 是具有独立增量的. 然后, 观察到因为 X 是两个独立的 $N\left(0,\dfrac{t}{2}\right)$ 随机变量的和, 所以 $X(t)$ 是 $N(0,t)$ 的. 类似地, 有 $X(t)-X(s)$ 是 $N(0,t-s)$ 的. 从而 $X(\cdot)$ 是一维布朗运动.

2. 从一维的 Itô 积分, 我们知道

$$\begin{cases}\mathrm{d}(X^2)=2X\mathrm{d}X+\mathrm{d}t,\\ \mathrm{d}(W^2)=2W\mathrm{d}W+\mathrm{d}t,\\ \mathrm{d}(\bar{W}^2)=2\bar{W}\mathrm{d}\bar{W}+\mathrm{d}t.\end{cases}$$

于是

$$\begin{aligned}\mathrm{d}(W\bar{W})&=\mathrm{d}\left(X^2-\frac{1}{2}W^2-\frac{1}{2}\bar{W}^2\right)\\&=2X\mathrm{d}X+\mathrm{d}t-\frac{1}{2}(2W\mathrm{d}W+\mathrm{d}t)-\frac{1}{2}(2\bar{W}\mathrm{d}\bar{W}+\mathrm{d}t)\\&=(W+\bar{W})(\mathrm{d}W+\mathrm{d}\bar{W})-W\mathrm{d}W-\bar{W}\mathrm{d}\bar{W}\end{aligned}$$

$$= W\mathrm{d}\bar{W} + \bar{W}\mathrm{d}W. \qquad \square$$

我们还需要如下形式的乘积公式:

引理 4.9 (多个布朗运动的 Itô 乘积公式)

假定

$$\mathrm{d}X_1 = F_1\mathrm{d}t + \sum_{k=1}^{m} G_1^k \mathrm{d}W^k,$$

$$\mathrm{d}X_2 = F_2\mathrm{d}t + \sum_{l=1}^{m} G_2^l \mathrm{d}W^l,$$

其中 $F^i \in \mathbb{L}^1(0,T)$ 并且 $G_i^k \in \mathbb{L}^1(0,T)$, $i = 1,2$; $k = 1,\cdots,m$, 则

$$\mathrm{d}(X_1X_2) = X_1\mathrm{d}X_2 + X_2\mathrm{d}X_1 + \sum_{k=1}^{m} G_1^k G_2^k \mathrm{d}t.$$

♡

该引理的证明与一维 Itô 乘积公式类似, 唯一要注意的是证明过程要用到

$$\mathrm{d}(W^iW^j) = W^i\mathrm{d}W^j + W^j\mathrm{d}W^i + \delta_{ij}\mathrm{d}t.$$

n-维 Itô 公式的证明概述 有了上述两个引理, n-维 Itô 公式可以通过对一维情形的证明做适当的修改来得到. 我们首先为多项式函数 $u = u(x) = x_1^{k_1}\cdots x_m^{k_m}$ 建立 Itô 公式, 再用以上的引理通过对 $k_1,\cdots,k_m$ 进行归纳证明. 这步完成后, 很容易证明这个公式对任意的关于变量 $x = (x_1,\cdots,x_n)$ 和 t 的多项式 $u = u(x)$ 成立, 最后通过近似, 得到所有函数, n-维 Itô 公式都成立. □

注 内积形式 当

$$\mathrm{d}\boldsymbol{X} = \boldsymbol{F}\mathrm{d}t + \boldsymbol{G}\mathrm{d}\boldsymbol{W},$$

我们有时记

$$H^{ij} := \sum_{k=1}^{m} G^{ik}G^{jk}.$$

从而 Itô 公式被记为

$$\mathrm{d}u(\boldsymbol{X},t) = \left(\frac{\partial u}{\partial t} + F\cdot Du + \frac{1}{2}H : D^2u\right)\mathrm{d}t + Du\cdot \boldsymbol{G}\mathrm{d}\boldsymbol{W},$$

这里 $Du = \left(\frac{\partial u}{\partial x_1}, \cdots, \frac{\partial u}{\partial x_n}\right)$ 是 u 关于变量 $\boldsymbol{x}$ 的梯度, $D^2u = \left(\left(\frac{\partial^2 u}{\partial x_i \partial x_j}\right)\right)$ 是 Hessian (黑塞) 矩阵, 并且

$$F \cdot Du = \sum_{i=1}^{n} F^i \frac{\partial u}{\partial x_i},$$

$$H : D^2u = \sum_{i,j=1}^{n} H^{ij} \frac{\partial^2 u}{\partial x_i \partial x_j},$$

$$Du \cdot \boldsymbol{G}\mathrm{d}\boldsymbol{W} = \sum_{i=1}^{n}\sum_{k=1}^{m} \frac{\partial u}{\partial x_i} G^{ik} \mathrm{d}W^k.$$

怎样记忆 Itô 公式 我们可以象征性地计算

$$\mathrm{d}(u(\boldsymbol{X}, t)) = \frac{\partial u}{\partial t}\mathrm{d}t + \sum_{i=1}^{n} \frac{\partial u}{\partial x_i}\mathrm{d}X^i + \frac{1}{2}\sum_{i,j=1}^{n} \frac{\partial^2 u}{\partial x_i \partial x_j}\mathrm{d}X^i\mathrm{d}X^j,$$

然后通过展开 $\mathrm{d}X^i\mathrm{d}X^j$, 结合

$$(\mathrm{d}t)^2 = 0, \quad \mathrm{d}t\mathrm{d}W^k = 0, \quad \mathrm{d}W^k\mathrm{d}W^l = \delta_{kl}\mathrm{d}t \quad (k, l = 1, \cdots, m)$$

来化简就可以得到 Itô 公式. □

第 4 章练习

1. 证明如果 $G, H \in \mathbb{L}^2(0, T)$, 则

$$E\left(\int_0^T G\mathrm{d}W \int_0^T H\mathrm{d}W\right) = E\left(\int_0^T GH\mathrm{d}t\right).$$

(提示: $2ab = (a+b)^2 - a^2 - b^2$.)

2. 设 $(\Omega, \mathcal{U}, P)$ 是概率空间, $\mathcal{F}(\cdot)$ 是一个 σ-域流. 假定 X 是一个可积的随机变量, 且定义 $X(t) := E(X|\mathcal{F}(t))$, $t \geqslant 0$, 证明 $X(\cdot)$ 是鞅.

3. 尝试找出使得 Itô 积分

$$Y(t) := \int_0^t (t-s)^{-\alpha}\mathrm{d}W(s)$$

存在的 α 值.

4. 运用 Itô 公式证明下述随机过程是鞅.

$$Y_1(t) := \mathrm{e}^{\frac{1}{2}} \cos(W(t));$$

$$Y_2(t) := \mathrm{e}^{\frac{1}{2}} \sin(W(t));$$

$$Y_3(t) := (W(t)+t)\mathrm{e}^{-W(t)-\frac{1}{2}t}.$$

5. 设 $\boldsymbol{W}(\cdot) = (W^1, \cdots, W^n)$ 是 n-维布朗运动, 记 $Y(t) := |\boldsymbol{W}(t)|^2 - nt$, $t \geqslant 0$, 证明 $Y(\cdot)$ 是一个鞅. (提示: 计算 $\mathrm{d}Y$.)

6. 证明

$$\int_0^T W^2 \mathrm{d}W = \frac{1}{3}W^3(T) - \int_0^T W \mathrm{d}t$$

且

$$\int_0^T W^3 \mathrm{d}W = \frac{1}{4}W^4(T) - \frac{3}{2}\int_0^T W^2 \mathrm{d}t.$$

7. 注意到

$$Y := \mathrm{e}^{\int_0^t g\mathrm{d}W - \frac{1}{2}\int_0^t g^2 \mathrm{d}s}$$

满足

$$\mathrm{d}Y = gY\mathrm{d}W.$$

用此证明

$$E(\mathrm{e}^{\int_0^t g\mathrm{d}W}) = \mathrm{e}^{\frac{1}{2}\int_0^t g^2 \mathrm{d}s}.$$

8. 设 $X(t)$ 满足

$$\mathrm{d}X = (bX+c)\mathrm{d}t + 2\sqrt{X}\mathrm{d}W,$$

其中 b, c 为常数, 并假定 $X \geqslant 0$. 试找出 $Y(t) = \sqrt{X(t)}$ 的随机微分形式.

第 5 章 随机微分方程

内容提要

- 定义和例子
- 解的存在唯一性
- 解的性质
- 线性随机微分方程

5.1 定义和例子

基于前文的准备工作, 我们来研究随机微分方程.

5.1.1 预备工作

符号 (1) 设 $\boldsymbol{W}(\cdot)$ 是一个 m-维布朗运动并且 $\boldsymbol{X}(0)$ 是一个 n-维独立于 $\boldsymbol{W}(\cdot)$ 的随机变量. 我们令

$$\mathcal{F}(t) := \mathcal{U}(\boldsymbol{X}(0), \boldsymbol{W}(s)) \ (0 \leqslant s \leqslant t), \quad t \geqslant 0$$

为由 $\boldsymbol{X}(0)$ 和布朗运动直到 (包括) 时间 t 的历史产生的 σ-代数.

(2) 令 $T > 0$, 并且

$$\boldsymbol{b} : \mathbb{R}^n \times [0, T] \to \mathbb{R}^n,$$

$$\boldsymbol{B} : \mathbb{R}^n \times [0, T] \to \mathbb{M}^{n \times m}$$

是给定的函数 (注意, 这些不是随机变量). 我们把这些函数写为

$$\boldsymbol{b} = (b^1, b^2, \cdots, b^n), \quad \boldsymbol{B} = \begin{pmatrix} b^{11} & \cdots & b^{1m} \\ \vdots & & \vdots \\ b^{n1} & \cdots & b^{nm} \end{pmatrix}.$$

定义 5.1

令 $0 \leqslant t \leqslant T$, 我们称一个 $\mathbb{R}^n$-值随机过程 $\boldsymbol{X}(\cdot)$ 是 Itô 随机微分方程

$$\begin{cases} \mathrm{d}\boldsymbol{X} = \boldsymbol{b}(\boldsymbol{X}, t)\mathrm{d}t + \boldsymbol{B}(\boldsymbol{X}, t)\mathrm{d}\boldsymbol{W}, \\ \boldsymbol{X}(0) = \boldsymbol{X}_0 \end{cases} \tag{SDE}$$

的一个解, 如果满足

(1) $\boldsymbol{X}(\cdot)$ 是 $\mathcal{F}(\cdot)$-循序可测过程;

(2) $\boldsymbol{F} := \boldsymbol{b}(\boldsymbol{X}, t) \in \mathbb{L}_n^1(0, T)$;

(3) $\boldsymbol{G} := \boldsymbol{B}(\boldsymbol{X}, t) \in \mathbb{L}_{n\times m}^2(0, T)$;

(4) $\boldsymbol{X}(t) = \boldsymbol{X}_0 + \int_0^t \boldsymbol{b}(\boldsymbol{X}(s), s)\mathrm{d}s + \int_0^t \boldsymbol{B}(\boldsymbol{X}(s), s)\mathrm{d}\boldsymbol{W}$ a.s., $\quad \forall\, 0 \leqslant t \leqslant T$. ♣

注 (1) 形如

$$Y^{(n)} = f(t, Y, \cdots, Y^{(n-1)}) + g(t, Y, \cdots, Y^{(n-1)})\xi$$

的高阶随机微分方程 (ξ 表示白噪声), 能够通过以下变换变为定义中的形式:

$$\boldsymbol{X}(t) = \begin{pmatrix} Y(t) \\ \dot{Y}(t) \\ \vdots \\ Y^{(n-1)}(t) \end{pmatrix} = \begin{pmatrix} X^1(t) \\ X^2(t) \\ \vdots \\ X^n(t) \end{pmatrix},$$

从而

$$\mathrm{d}\boldsymbol{X} = \begin{pmatrix} X^2 \\ \vdots \\ f(\cdots) \end{pmatrix} \mathrm{d}t + \begin{pmatrix} 0 \\ \vdots \\ g(\cdots) \end{pmatrix} \mathrm{d}\boldsymbol{W}.$$

(2) 根据定义中的 (3), 我们可以假设 $\boldsymbol{X}(\cdot)$ 几乎必然有连续样本路径. □

5.1.2 线性随机微分方程的例子

例题 5.1 令 $m = n = 1$ 并且假设 g 是一个连续函数 (不是随机变量), 则对于 $0 \leqslant t \leqslant T$,

$$\begin{cases} \mathrm{d}X = gX\mathrm{d}W, \\ X(0) = 1 \end{cases} \tag{5.1}$$

的唯一解是

$$X(t) = \mathrm{e}^{-\frac{1}{2}\int_0^t g^2\mathrm{d}s + \int_0^t g\mathrm{d}W}.$$

为了证明这一点, 注意到

$$Y(t) := -\frac{1}{2}\int_0^t g^2\mathrm{d}s + \int_0^t g\mathrm{d}W$$

满足

$$\mathrm{d}Y = -\frac{1}{2}g^2\mathrm{d}s + g\mathrm{d}W.$$

于是, 对 $u(x) = \mathrm{e}^x$ 使用 Itô 公式得到

$$\begin{aligned}\mathrm{d}X &= \frac{\partial u}{\partial x}\mathrm{d}Y + \frac{1}{2}\frac{\partial^2 u}{\partial x^2}g^2\mathrm{d}t \\ &= \mathrm{e}^Y\left(-\frac{1}{2}g^2\mathrm{d}s + g\mathrm{d}W + \frac{1}{2}g^2\mathrm{d}s\right) \\ &= gX\mathrm{d}W.\end{aligned}$$

我们将在 5.2 节证明其解的唯一性. □

例题 5.2 类似地, 可以得到, 对于 $0 \leqslant t \leqslant T$,

$$\begin{cases}\mathrm{d}X = fX\mathrm{d}t + gX\mathrm{d}W, \\ X(0) = 1\end{cases} \tag{5.2}$$

的唯一解是

$$X(t) = \mathrm{e}^{\int_0^t (f - \frac{1}{2}g^2)\mathrm{d}s + \int_0^t g\mathrm{d}W}.$$ □

例题 5.3 (股票价格) 令 $P(t)$ 为 t 时刻的股票价格. 我们不妨假设 $P(t)$ 的变化用 $\dfrac{\mathrm{d}P}{P}$ 表示, 相应价格的变化满足随机微分方程:

$$\frac{\mathrm{d}P}{P} = \mu\mathrm{d}t + \sigma\mathrm{d}W,$$

其中常数 $\mu > 0$ 和 σ 分别表示股票的预期回报率和股票价格的波动率. 于是

$$\mathrm{d}P = \mu P\mathrm{d}t + \sigma P\mathrm{d}W. \tag{5.3}$$

因此, 根据 Itô 公式有

$$\mathrm{d}(\log(P)) = \frac{\mathrm{d}P}{P} - \frac{1}{2}\frac{\sigma^2 P^2\mathrm{d}t}{P^2} = \left(\mu - \frac{\sigma^2}{2}\right)\mathrm{d}t + \sigma\mathrm{d}W.$$

类似于例题 5.2, 容易得到

$$P(t) = p_0\mathrm{e}^{\sigma W(t) + \left(\mu - \frac{\sigma^2}{2}\right)t}.$$

注意到: 假定初始价格 p_0 是正的, 则股票价格始终是正的.

方程 (5.3) 的积分形式为

$$P(t) = p_0 + \int_0^t \mu P \mathrm{d}s + \int_0^t \sigma P \mathrm{d}W,$$

并且 $E\left(\int_0^t \sigma P \mathrm{d}W\right) = 0$, 我们可以得到

$$E(P(t)) = p_0 + \int_0^t \mu E(P(s)) \mathrm{d}s.$$

因此

$$E(P(t)) = p_0 \mathrm{e}^{\mu t}, \quad t \geqslant 0.$$

从而股票价格的期望值与 (5.3) 相应于 $\sigma = 0$ 时的解是一致的. □

例题 5.4 (布朗桥) 由直接计算可知, 随机微分方程

$$\begin{cases} \mathrm{d}B = -\dfrac{B}{1-t}\mathrm{d}t + \mathrm{d}W, \quad 0 \leqslant t < 1, \\ B(0) = 0 \end{cases} \tag{5.4}$$

的解是

$$B(t) = (1-t)\int_0^t \frac{1}{1-s}\mathrm{d}W, \quad 0 \leqslant t < 1.$$

同样有 $\lim\limits_{t\to 1-} B(t) = 0$ a.s..

我们称 $B(\cdot)$ 是一个从初始时间 0 到时间 1 的**布朗桥**. □

布朗桥的一条样本路径如图 5.1 所示.

例题 5.5 (Langevin (朗之万) 方程) 对于一维情形, 布朗粒子运动模型的一个可行的改进是加入摩擦力, 即

$$\dot{X} = -bX + \sigma\xi,$$

这里 $\xi(\cdot)$ 是白噪声, $b > 0$ 是摩擦系数, σ 是扩散系数. 我们可以把上述方程写为

$$\begin{cases} \mathrm{d}X = -bX\mathrm{d}t + \sigma\mathrm{d}W, \\ X(0) = X_0, \end{cases} \tag{5.5}$$

其中初始分布 X_0 独立于布朗运动, 这就是 **Langevin 方程**. $X(\cdot)$ 可以被认为是布朗运动粒子的速度, 而例题 5.6 中的 $Y(\cdot)$ 是布朗运动粒子的位置.

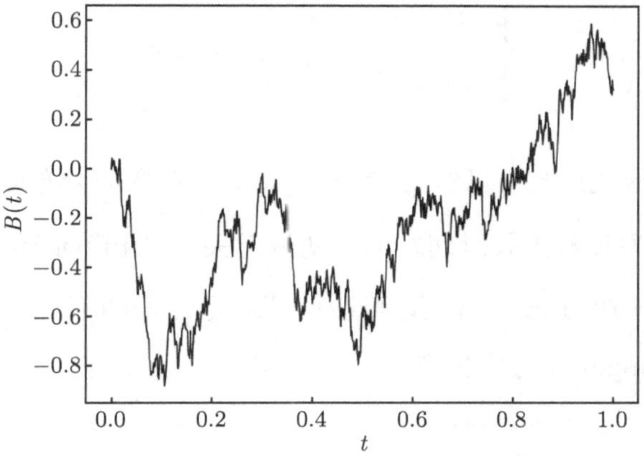

图 5.1 布朗桥的一条样本路径

容易证明, (5.5) 的解是

$$X(t)=\mathrm{e}^{-bt}X_0+\sigma\int_0^t \mathrm{e}^{-b(t-s)}\mathrm{d}W,\quad t\geqslant 0.$$

容易计算

$$E(X(t))=\mathrm{e}^{-bt}E(X_0),$$

并且

$$\begin{aligned}E(X^2(t))&=E\left(\mathrm{e}^{-2bt}X_0^2+2\sigma\mathrm{e}^{-bt}X_0\int_0^t \mathrm{e}^{-b(t-s)}\mathrm{d}W+\sigma^2\left(\int_0^t \mathrm{e}^{-b(t-s)}\mathrm{d}W\right)^2\right)\\&=\mathrm{e}^{-2bt}E(X_0^2)+2\sigma\mathrm{e}^{-bt}E(X_0)E\left(\int_0^t \mathrm{e}^{-b(t-s)}\mathrm{d}W\right)+\sigma^2\int_0^t \mathrm{e}^{-2b(t-s)}\mathrm{d}s\\&=\mathrm{e}^{-2bt}E(X_0^2)+\frac{\sigma^2}{2b}(1-\mathrm{e}^{-2bt}).\end{aligned}$$

于是, 方差

$$\begin{aligned}V(X(t))&=E(X^2(t))-E(X(t))^2\\&=\mathrm{e}^{-2bt}V(X_0)+\frac{\sigma^2}{2b}(1-\mathrm{e}^{-2bt}).\end{aligned}$$

当然, 这里需假定 $V(X_0) < \infty$.

对于任何方差有限的初始条件 X_0, 我们有

$$\begin{cases} E(X(t)) \to 0, \\ V(X(t)) \to \dfrac{\sigma^2}{2b}, \end{cases} \quad t \to \infty.$$

我们从解的显式形式可以看出, 当 $t \to \infty$ 时, $X(t)$ 的分布逼近于 $N\left(0, \dfrac{\sigma^2}{2b}\right)$. 我们称随机微分方程解的长时间行为与初值无关, 并且趋向于高斯正态分布. 方差 $\dfrac{\sigma^2}{2b}$ 表示随机干扰力 $\sigma\xi(\cdot)$ 和摩擦阻力 $-bX(\cdot)$ 之间的平衡.

图 5.2 为 Langevin 方程模拟. □

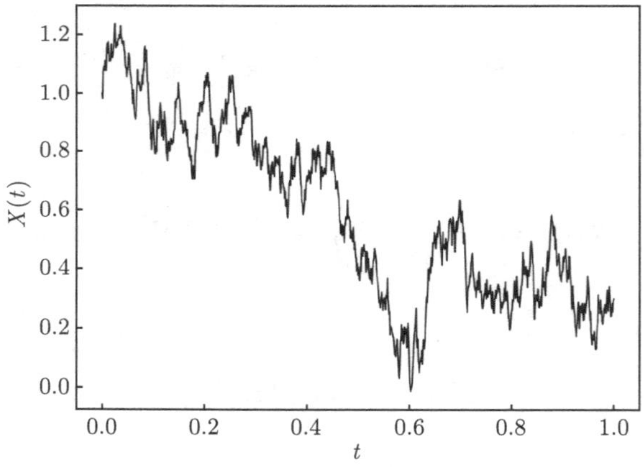

图 5.2　Langevin 方程模拟

例题 5.6 (Ornstein-Uhlenbeck (奥恩斯坦–乌伦贝克) 方程)　一个关于布朗运动的更好的模拟方程为 Ornstein-Uhlenbeck 方程

$$\begin{cases} \ddot{Y} = -b\dot{Y} + \sigma\xi, \\ Y(0) = Y_0, \ \dot{Y}(0) = Y_1, \end{cases}$$

这里 $Y(t)$ 是布朗运动粒子在时刻 t 的位置, Y_0 和 Y_1 是给定的高斯随机变量. 和上例一样, $b > 0$ 是摩擦系数, σ 是扩散系数, $\xi(\cdot)$ 是白噪声.

从而, $X := \dot{Y}$ 为速度过程, 满足例题 5.5 中研究的 Langevin 方程

$$\begin{cases} \mathrm{d}X = -bX\mathrm{d}t + \sigma\mathrm{d}W, \\ X(0) = Y_1, \end{cases} \tag{5.6}$$

易知, 解的表达式

$$X(t)=\mathrm{e}^{-bt}Y_1+\sigma\int_0^t \mathrm{e}^{-b(t-s)}\mathrm{d}W,$$

从而对任意的时间 $t\geqslant 0$, $X(t)$ 是高斯的. 现在位置过程是

$$Y(t)=Y_0+\int_0^t X\mathrm{d}s.$$

因此

$$\begin{aligned}E(Y(t))&=E(Y_0)+\int_0^t E(X(s))\mathrm{d}s\\&=E(Y_0)+\int_0^t \mathrm{e}^{-bs}E(Y_1)\mathrm{d}s\\&=E(Y_0)+\left(\frac{1-\mathrm{e}^{-bt}}{b}\right)E(Y_1).\end{aligned}$$

通过简单的计算, 可以得到

$$V(Y(t))=V(Y_0)+\frac{\sigma^2}{b^2}t+\frac{\sigma^2}{2b^3}(-3+4\mathrm{e}^{-bt}-\mathrm{e}^{-2bt}).$$

更多关于 Ornstein-Uhlenbeck 方程的讨论参见 [13, p.57], Ornstein-Uhlenbeck 方程模拟见图 5.3. □

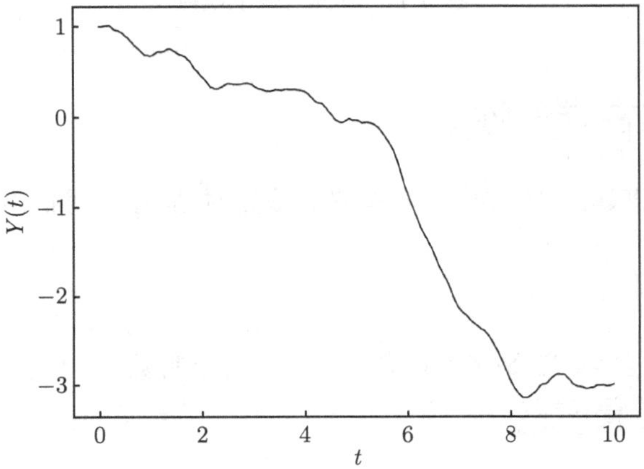

图 5.3 Ornstein-Uhlenbeck 方程模拟

例题 5.7 (随机谐振子)　一种随机谐振子的模型为

$$\begin{cases} \ddot{X} = -\lambda^2 X - b\dot{X} + \sigma\xi, \\ X(0) = X_0,\ \dot{X}(0) = X_1, \end{cases}$$

这里 $-\lambda^2 X$ 表示线性回复力, $-b\dot{X}$ 是摩擦阻尼项.

可以通过 5.4 节中给出的解的一般表示形式得出该 SDE 的显式解. 特别地, 当 $X_1 = 0,\ b = 0,\ \sigma = 1$ 时, 我们有

$$X(t) = X_0 \cos(\lambda t) + \frac{1}{\lambda}\int_0^t \sin(\lambda(t-s))\mathrm{d}W.$$

随机谐振子模拟如图 5.4 所示. □

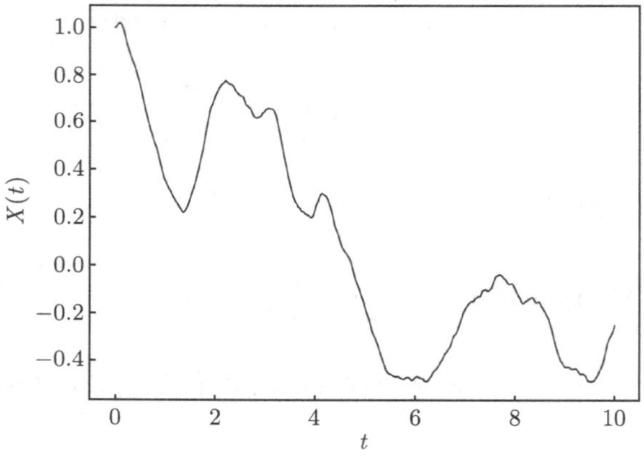

图 5.4　随机谐振子模拟

5.2 解的存在唯一性

这一节我们将建立随机微分方程解的适定性理论. 我们从一个简单的例子开始.

5.2.1 一维情形

首先假设 $b: \mathbb{R} \to \mathbb{R}$ 是 C^1 函数, 且存在某个常数 L, 使得 $|b'| \leqslant L$. 尝试解一维的随机微分方程

$$\begin{cases} \mathrm{d}X = b(X)\mathrm{d}t + \mathrm{d}W, \\ X(0) = x, \end{cases} \tag{5.7}$$

这里 $x \in \mathbb{R}$.

(5.7) 的积分形式为

$$X(t) = x + \int_0^t b(X)\mathrm{d}s + W(t), \quad t \geqslant 0,$$

从形式上看, 我们可以用逐次逼近的方法来构造解. 因此, 定义 $X^0(t) \equiv x$, 构造

$$X^{n+1}(t) := x + \int_0^t b(X^n)\mathrm{d}s + W(t), \quad t \geqslant 0,$$

其中 $n = 0, 1, \cdots$. 接着, 定义

$$D^n(t) := \max_{0 \leqslant s \leqslant t} |X^{n+1}(s) - X^n(s)|, \quad n = 0, 1, \cdots,$$

注意到对于布朗运动给定的一个样本路径, 任意的时间 $0 \leqslant t \leqslant T$, 我们有

$$D^0(t) = \max_{0 \leqslant s \leqslant t} |\int_0^s b(x)\mathrm{d}r + W(s)| \leqslant C,$$

这里 C 依赖 ω 和 T.

我们往证, 对于 $n = 0, 1, \cdots, 0 \leqslant t \leqslant T$, 有

$$D^n(t) \leqslant C\frac{L^n}{n!}t^n.$$

为此, 我们注意到

$$\begin{aligned} D^n(t) &= \max_{0 \leqslant s \leqslant t} \left| \int_0^s b(X^n(r)) - b(X^{n-1}(r))\mathrm{d}r \right| \\ &\leqslant L\int_0^t D^{n-1}(s)\mathrm{d}s \\ &\leqslant L\int_0^t C\frac{L^{n-1}s^{n-1}}{(n-1)!}\mathrm{d}s \quad \text{(根据归纳假设)} \\ &= C\frac{L^n t^n}{n!}. \end{aligned}$$

由此, 对 $m \geqslant n$, 我们有

$$\max_{0 \leqslant t \leqslant T} |X^m(t) - X^n(t)| \leqslant C\sum_{k=n}^{\infty} \frac{L^k T^k}{k!} \to 0, \quad n \to \infty.$$

于是对几乎所有的 ω, $X^n(\cdot)$ 一致收敛到某个极限过程 $X(\cdot)$, $0 \leqslant t \leqslant T$. 很容易验证 $X(\cdot)$ 满足 (5.7).

5.2.2 通过变量代换解随机微分方程

下面利用巧妙的变量代换来解随机微分方程.

给定一个具有一般形式的一维随机微分方程

$$\begin{cases} \mathrm{d}X = b(X)\mathrm{d}t + \sigma(X)\mathrm{d}W, \\ X(0) = x_0. \end{cases} \tag{5.8}$$

我们首先考虑

$$\begin{cases} \mathrm{d}Y = f(Y)\mathrm{d}t + \mathrm{d}W, \\ Y(0) = y_0, \end{cases} \tag{5.9}$$

其中 f 将在后面选取, 我们尝试找一个函数 u 使得

$$X := u(Y)$$

正好是随机微分方程 (5.8) 的解.

注意到, 根据上一小节的论述, 原则上至少可以找到 (5.9) 的解. 先假设 u 和 f 的矩已知, 我们运用 Itô 公式计算

$$\mathrm{d}X = u'(Y)\mathrm{d}Y + \frac{1}{2}u''(Y)\mathrm{d}t = \left[u'f + \frac{1}{2}u''\right]\mathrm{d}t + u'\mathrm{d}W.$$

于是, 如果

$$\begin{cases} u'(Y) = \sigma(X) = \sigma(u(Y)), \\ u'(Y)f(Y) + \dfrac{1}{2}u''(Y) = b(X) = b(u(Y)), \end{cases}$$

并且

$$u(y_0) = x_0,$$

则 $X := u(Y)$ 是 (5.8) 的解.

因此, 我们首先解常微分方程

$$\begin{cases} u'(z) = \sigma(u(z)), \\ u(y_0) = x_0, \end{cases} \quad z \in \mathbb{R},$$

这里 $' = \dfrac{\mathrm{d}}{\mathrm{d}z}$, 于是就知道了 u 的形式. 另外, 有

$$f(z) = \frac{1}{\sigma(u(z))}\left[b(u(z)) - \frac{1}{2}u''(z)\right].$$

从而就推导出了 f 的形式, 并由此得 (5.9) 的解 Y, 进而得到 (5.8) 的解 X. 这里, 我们不具体讨论在什么条件下这种方法是可行的, 具体可以参考 [14].

例题 5.8 (随机 Logistic (逻辑斯谛) 方程)　Logistic 方程

$$X(t) = rX(t)\left[1 - \frac{X(t)}{K}\right]$$

的随机形式为

$$\begin{cases} \mathrm{d}X = X\left[1 - \dfrac{X}{K}\right](r\mathrm{d}t + \sigma\mathrm{d}W), \\ X(0) = X_0, \end{cases}$$

其中初值 X_0 与布朗运动 $W(t)$ 独立.

该方程有两个平凡解: $X \equiv 0$ 和 $X \equiv K$. 为方便起见, 我们假定 $r = \sigma = K = 1$. 在 $0 < X < 1$ 时, 我们首先考虑

$$\begin{cases} \mathrm{d}u = u(1-u)\mathrm{d}z, \\ u(y_0) = x_0, \end{cases}$$

容易得到

$$u(z) = \frac{C\mathrm{e}^z}{1 + C\mathrm{e}^z},\ C := \frac{x_0}{\mathrm{e}^{y_0}(1 - x_0)}.$$

从而

$$\begin{aligned} f(z) &= \frac{1}{u(1-u)}\left[u(1-u) - \frac{1}{2}\frac{u}{1 + C\mathrm{e}^z}\left(\frac{1}{1 + C\mathrm{e}^z} - u\right)\right] \\ &= \frac{3}{2} - \frac{1}{1 + C\mathrm{e}^z}. \end{aligned}$$

因此, 随机 Logistic 方程的解为

$$X(t) = \frac{C\mathrm{e}^{Y(t)}}{1 + C\mathrm{e}^{Y(t)}},$$

其中 $Y(t)$ 是

$$\begin{cases} \mathrm{d}Y = \left(\dfrac{3}{2} - \dfrac{1}{1 + C\mathrm{e}^Y}\right)\mathrm{d}t + \mathrm{d}W, \\ Y(0) = y_0 \end{cases}$$

的解. □

注意到本节和上一节所提到的方法都避免了使用鞅估计.

5.2.3　一般的存在唯一性定理

我们先介绍一个有用的引理.

引理 5.1 (Gronwall (格朗沃尔) 不等式)

设 ϕ 和 f 是定义在 $0\leqslant t\leqslant T$ 上的非负连续函数, 并且设 $C_0\geqslant 0$ 为常数. 如果

$$\phi(t)\leqslant C_0+\int_0^t f\phi\mathrm{d}s,\quad \forall\ 0\leqslant t\leqslant T,$$

则

$$\phi(t)\leqslant C_0\mathrm{e}^{\int_0^t f\ \mathrm{d}s},\quad \forall\ 0\leqslant t\leqslant T.$$

♡

证明　设 $\Phi(t):=C_0+\displaystyle\int_0^t f\phi\mathrm{d}s$, 则 $\Phi'=f\phi\leqslant f\Phi$, 于是

$$\left(\mathrm{e}^{-\int_0^t f\mathrm{d}s}\Phi\right)'=(\Phi'-f\Phi)\mathrm{e}^{-\int_0^t f\mathrm{d}s}\leqslant(f\phi-f\phi)\mathrm{e}^{-\int_0^t f\mathrm{d}s}=0.$$

因此

$$\Phi(t)\mathrm{e}^{-\int_0^t f\mathrm{d}s}\leqslant\Phi(0)\mathrm{e}^{-\int_0^0 f\mathrm{d}s}=C_0,$$

所以

$$\phi(t)\leqslant\Phi(t)\leqslant C_0\mathrm{e}^{\int_0^t f\mathrm{d}s}.$$

□

定理 5.1 (解的存在唯一性定理)

假定 $\boldsymbol{b}:\mathbb{R}^n\times[0,T]\to\mathbb{R}^n$ 和 $\boldsymbol{B}:\mathbb{R}^n\times[0,T]\to\mathbb{M}^{m\times n}$ 是连续的, 并且满足下面的条件:

$$\begin{aligned}&|\boldsymbol{b}(x,t)-\boldsymbol{b}(\hat{x},t)|\leqslant L|x-\hat{x}|,\\&|\boldsymbol{B}(x,t)-\boldsymbol{B}(\hat{x},t)|\leqslant L|x-\hat{x}|,\end{aligned}\qquad \forall\ 0\leqslant t\leqslant T,\ x,\hat{x}\in\mathbb{R}^n,\tag{a}$$

$$\begin{aligned}&|\boldsymbol{b}(x,t)|\leqslant L(1+|x|),\\&|\boldsymbol{B}(x,t)|\leqslant L(1+|x|),\end{aligned}\qquad \forall\ 0\leqslant t\leqslant T,\ x\in\mathbb{R}^n,\tag{b}$$

其中 L 为某一常数.

设 $\boldsymbol{X}(0)$ 是任意的 $\mathbb{R}^n$-值随机变量使得

$$E(|\boldsymbol{X}(0)|^2)<\infty,\tag{c}$$

并且

$$\boldsymbol{X}(0) \text{ 独立于 } \mathcal{W}^+(0), \tag{d}$$

这里 $\boldsymbol{W}(\cdot)$ 是一个给定的 m-维布朗运动, 则随机微分方程

$$\begin{cases} \mathrm{d}\boldsymbol{X} = \boldsymbol{b}(\boldsymbol{X},t)\mathrm{d}t + \boldsymbol{B}(\boldsymbol{X},t)\mathrm{d}\boldsymbol{W}, \quad 0 \leqslant t \leqslant T, \\ \boldsymbol{X}(0) = \boldsymbol{X}_0 \end{cases} \tag{SDE}$$

存在唯一解 $\boldsymbol{X} \in \mathbb{L}_n^2(0,T)$. ♡

注 (1) 这里的"唯一"是指: 如果 $\boldsymbol{X}, \hat{\boldsymbol{X}} \in \mathbb{L}_n^2(0,T)$, 都有连续的样本路径 a.s., 并且都是 (SDE) 的解, 则

$$P(\boldsymbol{X}(t) = \hat{\boldsymbol{X}}(t), \ \forall \ 0 \leqslant t \leqslant T) = 1.$$

(2) 假设 (a) 表示 $\boldsymbol{b}$ 和 $\boldsymbol{B}$ 关于变量 x 都是一致 Lipschitz 连续的, 并且假设 (b) 可以从假设 (a) 得到. □

证明 1. 唯一性 假设 $\boldsymbol{X}$ 和 $\hat{\boldsymbol{X}}$ 是 (SDE) 的两个解, 则对任意的 $0 \leqslant t \leqslant T$, 有

$$\boldsymbol{X}(t) - \hat{\boldsymbol{X}}(t) = \int_0^t \boldsymbol{b}(\boldsymbol{X},s) - \boldsymbol{b}(\hat{\boldsymbol{X}},s)\mathrm{d}s + \int_0^t \boldsymbol{B}(\boldsymbol{X},s) - \boldsymbol{B}(\hat{\boldsymbol{X}},s)\mathrm{d}\boldsymbol{W}.$$

根据 $(a+b)^2 \leqslant 2a^2 + 2b^2$, 我们可以估计

$$\begin{aligned} E(|\boldsymbol{X}(t) - \hat{\boldsymbol{X}}(t)|^2) \leqslant\ & 2E\left(\left|\int_0^t \boldsymbol{b}(\boldsymbol{X},s) - \boldsymbol{b}(\hat{\boldsymbol{X}},s)\mathrm{d}s\right|^2\right) \\ & + 2E\left(\left|\int_0^t \boldsymbol{B}(\boldsymbol{X},s) - \boldsymbol{B}(\hat{\boldsymbol{X}},s)\mathrm{d}\boldsymbol{W}\right|^2\right). \end{aligned}$$

由 Cauchy-Schwarz (柯西–施瓦茨) 不等式知, 对任意 $t>0$ 以及 $\boldsymbol{f}:[0,t]\to\mathbb{R}^n$, 有

$$\left|\int_0^t \boldsymbol{f}\mathrm{d}s\right|^2 \leqslant t\int_0^t |\boldsymbol{f}|^2\mathrm{d}s.$$

由此我们估计

$$E\left(\left|\int_0^t \boldsymbol{b}(\boldsymbol{X},s) - \boldsymbol{b}(\hat{\boldsymbol{X}},s)\mathrm{d}s\right|^2\right) \leqslant TE\left(\int_0^t \left|\boldsymbol{b}(\boldsymbol{X},s) - \boldsymbol{b}(\hat{\boldsymbol{X}},s)\right|^2 \mathrm{d}s\right)$$

$$\leqslant L^2T\int_0^t E(|\boldsymbol{X}-\hat{\boldsymbol{X}}|^2)\mathrm{d}s.$$

进一步, 有

$$E\left(\left|\int_0^t \boldsymbol{B}(\boldsymbol{X},s)-\boldsymbol{B}(\hat{\boldsymbol{X}},s)\mathrm{d}\boldsymbol{W}\right|^2\right)=E\left(\int_0^t\left|\boldsymbol{B}(\boldsymbol{X},s)-\boldsymbol{B}(\hat{\boldsymbol{X}},s)\right|^2\mathrm{d}s\right)$$
$$=L^2\int_0^t E(|\boldsymbol{X}-\hat{\boldsymbol{X}}|^2)\mathrm{d}s.$$

因此, 对于 $0\leqslant t\leqslant T$, 存在某个适当的常数 C 使得

$$E(|\boldsymbol{X}(t)-\hat{\boldsymbol{X}}(t)|^2)\leqslant C\int_0^t E(|\boldsymbol{X}-\hat{\boldsymbol{X}}|^2)\mathrm{d}s,$$

如果设 $\phi(t):=E(|\boldsymbol{X}-\hat{\boldsymbol{X}}|^2)$, 则有

$$\phi(t)\leqslant C\int_0^t\phi(s)\mathrm{d}s,\quad \forall\, 0\leqslant t\leqslant T.$$

根据 Gronwall 不等式中 $C_0=0$ 时的情形, 我们有 $\phi\equiv 0$. 于是对任意的 $0\leqslant t\leqslant T$, $\boldsymbol{X}(t)=\hat{\boldsymbol{X}}(t)$ a.s., 所以对于 $0\leqslant r\leqslant T$, 除去零测集外, 有 $\boldsymbol{X}(r)=\hat{\boldsymbol{X}}(r)$. 当 $\boldsymbol{X}$ 和 $\hat{\boldsymbol{X}}$ 有连续的样本路径 a.s. 时,

$$P\left(\max_{0\leqslant t\leqslant T}|\boldsymbol{X}(t)-\hat{\boldsymbol{X}}(t)|>0\right)=0.$$

2. 存在性 我们将使用前面介绍过的迭代方法. 定义

$$\begin{cases}\boldsymbol{X}^0(t):=\boldsymbol{X}_0,\\ \boldsymbol{X}^{n+1}(t):=\boldsymbol{X}_0+\displaystyle\int_0^t\boldsymbol{b}(\boldsymbol{X}^n(s),s)\mathrm{d}s+\int_0^t\boldsymbol{B}(\boldsymbol{X}^n(s),s)\mathrm{d}\boldsymbol{W},\end{cases}$$
$$n=0,1,\cdots,\ 0\leqslant t\leqslant T.$$

定义

$$d^n(t):=E(|\boldsymbol{X}^{n+1}(t)-\boldsymbol{X}^n(t)|^2),$$

我们往证, 对某个依赖于 L, T, $\boldsymbol{X}_0$ 的常数 M, 有

$$d^n(t)\leqslant\frac{(Mt)^{n+1}}{(n+1)!},\quad\forall\, n=0,1,\cdots,\ 0\leqslant t\leqslant T.$$

事实上, 对于 $n=0$ 以及充分大的常数 M, 我们有

$$\begin{aligned}
d^0(t) &= E(|\boldsymbol{X}^1(t)-\boldsymbol{X}^0(t)|^2) \\
&= E\left(\left|\int_0^t \boldsymbol{b}(\boldsymbol{X}_0,s)\mathrm{d}s+\int_0^t \boldsymbol{B}(\boldsymbol{X}_0,s)\mathrm{d}\boldsymbol{W}\right|^2\right) \\
&\leqslant 2E\left(\left|\int_0^t L(1+|\boldsymbol{X}_0|)\mathrm{d}s\right|^2\right)+2E\left(\int_0^t L^2(1+|\boldsymbol{X}_0|^2)\mathrm{d}s\right) \\
&\leqslant tM.
\end{aligned}$$

这就证明了 $n=0$ 时的情形.

接着假设在 $n-1$ 时结论成立, 则

$$\begin{aligned}
d^n(t) &= E(|\boldsymbol{X}^{n+1}(t)-\boldsymbol{X}^n(t)|^2) \\
&= E\left(\left|\int_0^t [\boldsymbol{b}(\boldsymbol{X}^n,s)-\boldsymbol{b}(\boldsymbol{X}^{n-1},s)]\mathrm{d}s+\int_0^t [\boldsymbol{B}(\boldsymbol{X}^n,s)-\boldsymbol{B}(\boldsymbol{X}^{n-1},s)]\mathrm{d}\boldsymbol{W}\right|^2\right) \\
&\leqslant 2TL^2E\left(\int_0^t |\boldsymbol{X}^n-\boldsymbol{X}^{n-1}|^2\mathrm{d}s\right)+2L^2E\left(\int_0^t |\boldsymbol{X}^n-\boldsymbol{X}^{n-1}|^2\mathrm{d}s\right) \\
&\leqslant 2L^2(1+T)\int_0^t \frac{M^n s^n}{n!}\mathrm{d}s \quad (\text{根据归纳假设}) \\
&\leqslant \frac{(Mt)^{n+1}}{(n+1)!},
\end{aligned}$$

这里我们取 $M>2L^2(1+T)$. 结论得证.

3. 注意到

$$\begin{aligned}
\max_{0\leqslant t\leqslant T}|\boldsymbol{X}^{n+1}(t)-\boldsymbol{X}^n(t)|^2 &\leqslant 2TL^2\int_0^t |\boldsymbol{X}^n-\boldsymbol{X}^{n-1}|^2\mathrm{d}s \\
&\leqslant 2\max_{0\leqslant t\leqslant T}\left|\int_0^t [\boldsymbol{B}(\boldsymbol{X}^n,s)-\boldsymbol{B}(\boldsymbol{X}^{n-1},s)]\mathrm{d}\boldsymbol{W}\right|^2.
\end{aligned}$$

由第 2 章的鞅不等式 (定理 2.12), 有

$$\begin{aligned}
E\left(\max_{0\leqslant t\leqslant T}|\boldsymbol{X}^{n+1}(t)-\boldsymbol{X}^n(t)|^2\right) &\leqslant 2TL^2\int_0^t E(|\boldsymbol{X}^n-\boldsymbol{X}^{n-1}|^2)\mathrm{d}s \\
&\quad +8L^2\int_0^t E(|\boldsymbol{X}^n-\boldsymbol{X}^{n-1}|^2)\mathrm{d}s
\end{aligned}$$

$$\leqslant C\frac{(MT)^n}{n!}.$$

4. 根据 Borel-Cantelli 引理, 由于

$$P\left(\max_{0\leqslant t\leqslant T}|\boldsymbol{X}^{n+1}(t)-\boldsymbol{X}^n(t)|>\frac{1}{2^n}\right)\leqslant 2^{2n}E\left(\max_{0\leqslant t\leqslant T}|\boldsymbol{X}^{n+1}(t)-\boldsymbol{X}^n(t)|^2\right)$$
$$\leqslant 2^{2n}\frac{C(MT)^n}{n!},$$

并且

$$\sum_{n=1}^{\infty}2^{2n}\frac{(MT)^n}{n!}<\infty.$$

于是

$$P\left(\max_{0\leqslant t\leqslant T}|\boldsymbol{X}^{n+1}(t)-\boldsymbol{X}^n(t)|>\frac{1}{2^n}\ \text{i.o.}\right)=0.$$

由此, 在 $[0,T]$ 上, 对几乎所有的 ω, 有

$$\boldsymbol{X}^n=\boldsymbol{X}^0+\sum_{j=0}^{n-1}(\boldsymbol{X}^{j+1}-\boldsymbol{X}^j)$$

一致收敛到某一随机过程 $\boldsymbol{X}(\cdot)$. 我们对 $\boldsymbol{X}^{n+1}(\cdot)$ 取极限, 从而得到 $\boldsymbol{X}(\cdot)$ 满足

$$\boldsymbol{X}(t)=X_0+\int_0^t\boldsymbol{b}(\boldsymbol{X},s)\mathrm{d}s+\int_0^t\boldsymbol{B}(\boldsymbol{X},s)\mathrm{d}\boldsymbol{W},\quad 0\leqslant t\leqslant T.$$

即 $\boldsymbol{X}(\cdot)$ 满足

$$\begin{cases}\mathrm{d}\boldsymbol{X}=\boldsymbol{b}(\boldsymbol{X},t)\mathrm{d}t+\boldsymbol{B}(\boldsymbol{X},t)\mathrm{d}\boldsymbol{W}, & 0\leqslant t\leqslant T,\\ \boldsymbol{X}(0)=\boldsymbol{X}_0.\end{cases}\tag{SDE}$$

5. 我们还必须证明 $\boldsymbol{X}(\cdot)\in\mathbb{L}_n^2(0,T)$. 我们有

$$E(|\boldsymbol{X}^{n+1}(t)|^2)\leqslant CE(|\boldsymbol{X}_0|^2)+CE\left(\left|\int_0^t\boldsymbol{b}(\boldsymbol{X}^n,s)\mathrm{d}s\right|^2\right)$$
$$+CE\left(\left|\int_0^t\boldsymbol{B}(\boldsymbol{X}^n,s)\mathrm{d}\boldsymbol{W}\right|^2\right)$$

$$\leqslant C(1+E(|\boldsymbol{X}_0|^2))+C\int_0^t E(|\boldsymbol{X}^n|^2)\mathrm{d}s,$$

其中 C 表示普适常数. 通过归纳, 有

$$E(|\boldsymbol{X}^{n+1}(t)|^2)\leqslant\left[C+C^2+\cdots+C^{n+2}\frac{t^{n+1}}{(n+1)!}\right](1+E(|\boldsymbol{X}_0|^2)).$$

从而

$$E(|\boldsymbol{X}^{n+1}(t)|^2)\leqslant C(1+E(|\boldsymbol{X}_0|^2))\mathrm{e}^{Ct}.$$

令 $n\to\infty$, 有

$$E(|\boldsymbol{X}(t)|^2)\leqslant C(1+E(|\boldsymbol{X}_0|^2))\mathrm{e}^{Ct},\quad \forall\, 0\leqslant t\leqslant T.$$

因此 $\boldsymbol{X}\in\mathbb{L}_n^2(0,T)$. □

5.3 解的性质

这一节给出一些随机微分方程解的性质, 但并不证明它们.

定理 5.2 (解的高阶矩估计)

假设 $\boldsymbol{b}$, $\boldsymbol{B}$ 和 $\boldsymbol{X}_0$ 满足存在唯一性定理的假设. 除此之外, 对某个整数 $p>1$, 有

$$E(|\boldsymbol{X}_0|^{2p})<\infty,$$

则

$$\begin{cases}\mathrm{d}\boldsymbol{X}=\boldsymbol{b}(\boldsymbol{X},t)\mathrm{d}t+\boldsymbol{B}(\boldsymbol{X},t)\mathrm{d}\boldsymbol{W}, & 0\leqslant t\leqslant T,\\ \boldsymbol{X}(0)=\boldsymbol{X}_0\end{cases}\tag{SDE}$$

的解 $\boldsymbol{X}(\cdot)$ 满足估计

$$E(|\boldsymbol{X}(t)|^{2p})\leqslant C_2(1+E(|\boldsymbol{X}_0|^{2p}))\mathrm{e}^{C_1t}\tag{i}$$

和

$$E(|\boldsymbol{X}(t)-\boldsymbol{X}_0|^{2p})\leqslant C_2(1+E(|\boldsymbol{X}_0|^{2p}))t^p\mathrm{e}^{C_1t},\tag{ii}$$

其中常数 C_1, C_2 依赖于 T, L, m, n. ♡

上面关于 $\boldsymbol{X}(\cdot)$ 的矩估计较粗糙, 但是有时仍然很有用.

应用 样本路径的性质 由于不排除 $\boldsymbol{B} \equiv 0$ 发生的概率, 导致有可能出现 (SDE) 的解就是常微分方程

$$\dot{\boldsymbol{X}} = \boldsymbol{b}(\boldsymbol{X}, t)$$

在随机初始条件下的解. 在这种情形下如果 $\boldsymbol{b}$ 是光滑的, 则映射 $t \mapsto \boldsymbol{X}(t)$ 也是光滑的. 另一方面, 如果对某个 $1 \leqslant i \leqslant n$, 有

$$\sum_{1 \leqslant l \leqslant m} |b^{il}(\boldsymbol{x}, t)|^2 > 0, \quad \forall \boldsymbol{x} \in \mathbb{R}^n,\ 0 \leqslant t \leqslant T,$$

则对 a.e. ω, 样本路径 $t \mapsto X^i(t)$ 是处处不可微的. 然而, 我们仍然可用上面的估计 (i) 和 (ii) 来验证 3.4 节中的 Kolmogorov 连续性准则的假设条件是否满足.

如果对每个 $1 \leqslant p < \infty$, $E(|\boldsymbol{X}_0|^{2p}) < \infty$, 则映射 $t \mapsto \boldsymbol{X}(t)$ 关于指数 $0 < \gamma < \dfrac{1}{2}$ 是 Hölder 连续的. □

定理 5.3 (参数依赖性)

假定 $k = 1, 2, \cdots$, $\boldsymbol{b}^k$, $\boldsymbol{B}^k$ 以及 $\boldsymbol{X}_0^k$ 满足存在唯一性定理的假设条件. 进一步假设

$$\lim_{k \to \infty} E(|\boldsymbol{X}_0^k - \boldsymbol{X}_0|^2) = 0, \tag{a}$$

并且对任意的 $M > 0$,

$$\lim_{k \to \infty} \max_{0 \leqslant t \leqslant T, |x| \leqslant M} (|\boldsymbol{b}^k(x, t) - \boldsymbol{b}(x, t)| + |\boldsymbol{B}^k(x, t) - \boldsymbol{B}(x, t)|) = 0. \tag{b}$$

最后假设 $\boldsymbol{X}^k(\cdot)$ 是

$$\begin{cases} \mathrm{d}\boldsymbol{X}^k = \boldsymbol{b}^k(\boldsymbol{X}^k, t)\mathrm{d}t + \boldsymbol{B}^k(\boldsymbol{X}^k, t)\mathrm{d}\boldsymbol{X}, \\ \boldsymbol{X}^k(0) = \boldsymbol{X}_0^k \end{cases}$$

的解, 则

$$\lim_{k \to \infty} E\left(\max_{0 \leqslant t \leqslant T} |\boldsymbol{X}^k(t) - \boldsymbol{X}(t)|^2\right) = 0,$$

这里 $\boldsymbol{X}$ 是

$$\begin{cases} \mathrm{d}\boldsymbol{X} = \boldsymbol{b}(\boldsymbol{X}, t)\mathrm{d}t + \boldsymbol{B}(\boldsymbol{X}, t)\mathrm{d}\boldsymbol{W}, \\ \boldsymbol{X}(0) = \boldsymbol{X}_0 \end{cases}$$

的唯一解. ♡

例题 5.9 (小噪声扰动) 特别地, 在 $[0,T]$ 上, 当 $\varepsilon \to 0$ 时, 对几乎所有的 ω, SDE

$$\begin{cases} \mathrm{d}\boldsymbol{X}^{\varepsilon} = \boldsymbol{b}(\boldsymbol{X}^{\varepsilon})\mathrm{d}t + \varepsilon \mathrm{d}\boldsymbol{W}, \\ \boldsymbol{X}^{\varepsilon}(0) = x_0 \end{cases}$$

的样本路径一致收敛到

$$\begin{cases} \dot{\boldsymbol{x}} = \boldsymbol{b}(\boldsymbol{x}), \\ \boldsymbol{x}(0) = x_0 \end{cases}$$

的确定性的轨迹. 然而, 在很长一段时间内, 小噪声项会对动力学产生深远的影响; 参见文献 [15]. □

5.4 线性随机微分方程

本节我们给出线性随机微分方程解的显式表达式.

定义 5.2

称随机微分方程

$$\mathrm{d}\boldsymbol{X} = \boldsymbol{b}(\boldsymbol{X},t)\mathrm{d}t + \boldsymbol{B}(\boldsymbol{X},t)\mathrm{d}\boldsymbol{W}$$

是线性的, 如果系数 $\boldsymbol{b}$ 和 $\boldsymbol{B}$ 具有形式

$$\boldsymbol{b}(x,t) := \boldsymbol{c}(t) + \boldsymbol{D}(t)x,$$

其中 $\boldsymbol{c}:[0,T]\to\mathbb{R}^n$, $\boldsymbol{D}:[0,T]\to\mathbb{M}^{n\times n}$, 并且

$$\boldsymbol{B}(x,t) := \boldsymbol{E}(t) + \boldsymbol{F}(t)x,$$

其中 $\boldsymbol{E}:[0,T]\to\mathbb{M}^{n\times m}$, $\boldsymbol{F}:[0,T]\to L(\mathbb{R}^n,\mathbb{M}^{n\times m})$, $L(\mathbb{R}^n,\mathbb{M}^{n\times m})$ 是从 $\mathbb{R}^n$ 到 $\mathbb{M}^{n\times m}$ 的有界线性映射空间. ♣

定义 5.3

一个线性随机微分方程称为齐次的, 如果 $\boldsymbol{c}\equiv\boldsymbol{E}\equiv 0$, $0\leqslant t\leqslant T$. 如果 $\boldsymbol{F}\equiv 0$, 则称为狭义线性的. ♣

注 如果

$$\sup_{0\leqslant t\leqslant T}[|\boldsymbol{c}(t)|+|\boldsymbol{D}(t)|+|\boldsymbol{E}(t)|+|\boldsymbol{F}(t)|]<\infty,$$

则 $\boldsymbol{b}$ 和 $\boldsymbol{B}$ 满足存在唯一性定理的假设条件. 再假设 $E(|\boldsymbol{X}_0|^2)<\infty$, 并且 $\boldsymbol{X}_0$ 独立于 $\mathcal{W}^+(0)$. 于是线性随机微分方程

$$\begin{cases} \mathrm{d}\boldsymbol{X}=(\boldsymbol{c}(t)+\boldsymbol{D}(t)\boldsymbol{X})\mathrm{d}t+(\boldsymbol{E}(t)+\boldsymbol{F}(t)\boldsymbol{X})\mathrm{d}\boldsymbol{W}, \\ \boldsymbol{X}(0)=\boldsymbol{X}_0 \end{cases}$$

有唯一解. □

5.4.1 解的形式: 狭义线性随机微分方程

定理 5.4

(1) 当 $\boldsymbol{D}(t)\equiv D$ 为常数时, 狭义线性随机微分方程

$$\begin{cases} \mathrm{d}\boldsymbol{X}=(\boldsymbol{c}(t)+D\boldsymbol{X})\mathrm{d}t+\boldsymbol{E}(t)\mathrm{d}\boldsymbol{W}, \\ \boldsymbol{X}(0)=\boldsymbol{X}_0 \end{cases} \tag{5.10}$$

的解是

$$\boldsymbol{X}(t)=\mathrm{e}^{Dt}\boldsymbol{X}_0+\int_0^t \mathrm{e}^{D(t-s)}(\boldsymbol{c}(s)\mathrm{d}s+\boldsymbol{E}(s)\mathrm{d}\boldsymbol{W}), \tag{5.11}$$

其中

$$\mathrm{e}^{Dt}:=\sum_{k=0}^{\infty}\frac{D^k t^k}{k!}.$$

(2) 更一般地, 狭义线性随机微分方程

$$\begin{cases} \mathrm{d}\boldsymbol{X}=(\boldsymbol{c}(t)+\boldsymbol{D}(t)\boldsymbol{X})\mathrm{d}t+\boldsymbol{E}(t)\mathrm{d}\boldsymbol{W}, \\ \boldsymbol{X}(0)=\boldsymbol{X}_0 \end{cases} \tag{5.12}$$

的解是

$$\boldsymbol{X}(t)=\Phi(t)\left(\boldsymbol{X}_0+\int_0^t \Phi(s)^{-1}(\boldsymbol{c}(s)\mathrm{d}s+\boldsymbol{E}(s)\mathrm{d}\boldsymbol{W})\right), \tag{5.13}$$

这里 $\Phi(\cdot)$ 是非自治常微分方程

$$\frac{\mathrm{d}\Phi}{\mathrm{d}t}=\boldsymbol{D}(t)\Phi, \quad \Phi(0)=I.$$

的基解矩阵. ♡

如果形式上令 $\boldsymbol{E}\mathrm{d}\boldsymbol{W} = \boldsymbol{E}\xi\mathrm{d}t$, 其中 ξ 表示白噪声, 则 $\boldsymbol{E}\xi$ 可以看成常微分方程

$$\dot{\boldsymbol{X}} = \boldsymbol{c}(t) + \boldsymbol{D}(t)\boldsymbol{X} + \boldsymbol{E}\xi$$

中的非齐次项. 从而上述定理的结论形式上可由标准的常微分方程理论得到.

如果 $\boldsymbol{F}(\cdot) \neq 0$, 则上面结论就不成立了, 因为在 Itô 公式中有额外项出现.

同样需要注意的是: (5.13) 表明如果 $\boldsymbol{X}_0$ 是高斯的, 则 $\boldsymbol{X}(t)$ 也是高斯的.

5.4.2 解的形式: 一般标量线性方程

定理 5.5

假设 $n = 1$, $m \geqslant 1$, 则

$$\begin{cases} \mathrm{d}X = (c(t) + \mathrm{d}(t)X)\mathrm{d}t + \displaystyle\sum_{l=1}^{m}(e^l(t) + f^l(t)X)\mathrm{d}W^l, \\ X(0) = X_0 \end{cases} \tag{5.14}$$

的解是

$$X(t) = \Phi(t)\left(X_0 + \int_0^t \Phi(s)^{-1}\left(c(s) - \sum_{l=1}^{m} e^l(s)f^l(s)\right)\mathrm{d}s\right) + \int_0^t \sum_{l=1}^{m} \Phi(s)^{-1}e^l(s)\mathrm{d}W^l \tag{5.15}$$

其中

$$\Phi(t) := \exp\left(\int_0^t \left(d - \sum_{l=1}^{m} \frac{(f^l)^2}{2}\right)\mathrm{d}s + \int_0^t \sum_{l=1}^{m} f^l \mathrm{d}W^l\right).$$

♡

关于一般线性方程解的形式参考 [16, 第 8 章].

5.4.3 线性随机微分方程的一些解法

我们给出一些具体的线性随机微分方程的解法.

例题 5.10 取 $m = n = 1$, 考虑线性随机微分方程

$$\begin{cases} \mathrm{d}X = d(t)X\mathrm{d}t + f(t)X\mathrm{d}W, \\ X(0) = X_0. \end{cases} \tag{5.16}$$

我们尝试找具有乘积形式

$$X(t) = X_1(t)X_2(t)$$

的解, 这里

$$\begin{cases} \mathrm{d}X_1 = f(t)X_1\mathrm{d}W, \\ X_1(0) = X_0, \end{cases} \tag{5.17}$$

并且

$$\begin{cases} \mathrm{d}X_2 = A(t)\mathrm{d}t + B(t)\mathrm{d}W, \\ X_2(0) = 1, \end{cases} \tag{5.18}$$

其中函数 A, B(可能是随机的) 待定.

根据 (5.17), 有

$$\begin{aligned} \mathrm{d}X &= \mathrm{d}(X_1X_2) \\ &= X_1\mathrm{d}X_2 + X_2\mathrm{d}X_1 + f(t)X_1B(t)\mathrm{d}t \\ &= f(t)X\mathrm{d}W + (X_1\mathrm{d}X_2 + f(t)X_1B(t)\mathrm{d}t), \end{aligned}$$

现在我们尝试给出 A, B, 使得

$$\mathrm{d}X_2 + f(t)B(t)\mathrm{d}t = d(t)X_2\mathrm{d}t.$$

为此, 取 $B \equiv 0$ 且 $A(t) = d(t)X_2$, 于是 (5.18) 变为

$$\begin{cases} \mathrm{d}X_2 = d(t)X_2\mathrm{d}t, \\ X_2(0) = 1. \end{cases}$$

从而 $X_2(t) = \mathrm{e}^{\int_0^t d(s)\mathrm{d}s}$ 是非随机的. 由于 (5.17) 的解是

$$X_1(t) = X_0\mathrm{e}^{\int_0^t f(s)\mathrm{d}W - \frac{1}{2}\int_0^t f^2(s)\mathrm{d}s},$$

我们得出结论

$$X(t) = X_1(t)X_2(t) = X_0\mathrm{e}^{\int_0^t f(s)\mathrm{d}W + \int_0^t \left(d(s) - \frac{1}{2}f^2(s)\right)\mathrm{d}s}.$$

这与定理 5.5 中解的形式相符. □

例题 5.11 取 $m = n = 1$, 考虑更一般的方程

$$\begin{cases} \mathrm{d}X = (c(t) + d(t)X)\mathrm{d}t + (e(t) + f(t)X)\mathrm{d}W, \\ X(0) = X_0, \end{cases} \tag{5.19}$$

同样, 我们尝试找具有乘积形式

$$X(t) = X_1(t)X_2(t)$$

的解, 这里

$$\begin{cases} \mathrm{d}X_1 = d(t)X_1\mathrm{d}t + f(t)X_1\mathrm{d}W, \\ X_1(0) = 1, \end{cases} \tag{5.20}$$

并且

$$\begin{cases} \mathrm{d}X_2 = A(t)\mathrm{d}t + B(t)\mathrm{d}W, \\ X_2(0) = X_0, \end{cases} \tag{5.21}$$

其中函数 A, B 待定, 则

$$\begin{aligned} \mathrm{d}X &= X_2\mathrm{d}X_1 + X_1\mathrm{d}X_2 + f(t)X_1B(t)\mathrm{d}t \\ &= d(t)X\mathrm{d}t + f(t)X\mathrm{d}W + X_1(A(t)\mathrm{d}t + B(t)\mathrm{d}W) + f(t)X_1B(t)\mathrm{d}t. \end{aligned}$$

我们现在需要

$$X_1(A(t)\mathrm{d}t + B(t)\mathrm{d}W) + f(t)X_1B(t)\mathrm{d}t = c(t)\mathrm{d}t + e(t)\mathrm{d}W,$$

如果我们取

$$\begin{cases} A(t) := [c(t) - f(t)e(t)](X_1(t))^{-1}, \\ B(t) := e(t)(X_1(t))^{-1}, \end{cases}$$

则上述等式成立. 注意到, 由于 $X_1(t) = \mathrm{e}^{\int_0^t f\mathrm{d}W + \int_0^t (d - \frac{1}{2}f^2)\mathrm{d}s}$, 我们有 $X_1(t) > 0$ a.s.. 因此

$$X_2(t) = X_0 + \int_0^t [c(s) - f(s)e(s)](X_1(s))^{-1}\mathrm{d}s + \int_0^t e(s)(X_1(s))^{-1}\mathrm{d}W.$$

结合 X_1 的形式, 我们得到 (5.15) 在本例中的具体形式

$$X(t) = X_1(t)X_2(t)$$

$$
\begin{aligned}
&= \exp\left(\int_0^t \left(d(s) - \frac{1}{2}f^2(s)\right) \mathrm{d}s + \int_0^t f(s)\mathrm{d}W\right) \\
&\quad \times \left(X_0 + \int_0^t \exp\left(-\int_0^s \left(d(r) - \frac{1}{2}f^2(r)\right) \mathrm{d}r\right.\right. \\
&\quad \left. - \int_0^s f(r)\mathrm{d}W\right)(c(s) - e(s)f(s))\mathrm{d}s \\
&\quad \left. + \int_0^t \exp\left(-\int_0^s \left(d(r) - \frac{1}{2}f^2(r)\right) \mathrm{d}r - \int_0^t f(r)\mathrm{d}W\right) e(s)\mathrm{d}W\right). \quad \square
\end{aligned}
$$

注 用数值方法模拟随机微分方程在理论上和实际上都有重要作用. 具体可以参考 [17]. □

第 5 章练习

1. 设 $u = u(x,t)$ 是向后扩散方程

$$\frac{\partial u}{\partial t} + \frac{1}{2}\frac{\partial^2 u}{\partial x^2} = 0$$

的一个光滑解, 且假定 $W(\cdot)$ 是一维布朗运动. 证明对于任意的时间 $t > 0$, 有

$$E(u(W(t),t)) = u(0,0).$$

2. 计算布朗桥 $B(\cdot)$ 的二阶矩 $E(B^2(t))$, 特别地, 证明当 $t \to 1-$ 时, $E(B^2(t)) \to 0$.

3. 设 X 是 Langevin 方程的解. 假设 X_0 是一个 $N\left(0, \dfrac{\sigma^2}{2b}\right)$ 的随机变量, 证明

$$E(X(s)X(t)) = \frac{\sigma^2}{2b}\mathrm{e}^{-b|t-s|}.$$

4. (i) 考虑常微分方程

$$\begin{cases} \dot{x} = x^2 \quad (t > 0), \\ x(0) = 0, \end{cases}$$

证明如果 $x_0 > 0$, 则解在有限时间内 “爆破”.

(ii) 接着考虑

$$\begin{cases} \dot{x} = x^{\frac{1}{2}} \quad (t > 0), \\ x(0) = 0, \end{cases}$$

证明该问题有无穷多个非负解. (提示: $x \equiv 0$ 是一个解. 对 $t > 0$, 找一个正解, 然后将这些解组合起来去找到某个时间为 0 然后变正的解.)

5. (i) 运用变量代换 $X = u(W)$ 来解随机微分方程:

$$\begin{cases} \mathrm{d}X = -\dfrac{1}{2}\epsilon^{-2X}\mathrm{d}t + \mathrm{e}^{-X}\mathrm{d}W, \\ X(0) = x_0. \end{cases}$$

(ii) 证明解在有限的随机时间 "爆破".

6. 解随机微分方程: $\mathrm{d}X = -X\mathrm{d}t + \mathrm{e}^{-t}\mathrm{d}W$.

7. 设 $\boldsymbol{W} = (W^1, W^2, \cdots, W^n)$ 是一个 n-维布朗运动, 记

$$R := |\boldsymbol{W}| = \left(\sum_{i=1}^{n}(W^i)^2\right)^{\frac{1}{2}}.$$

证明 R 是随机 Bessel (贝塞尔) 方程

$$\mathrm{d}R = \sum_{i=1}^{n}\frac{W^i}{R}\mathrm{d}W^i + \frac{n-1}{2R}\mathrm{d}t$$

的解.

8. (i) 证明 $\boldsymbol{X} = (\cos(W), \sin(W))$ 是随机微分方程

$$\begin{cases} \mathrm{d}X^1 = -\dfrac{1}{2}X^1\mathrm{d}t - X^2\mathrm{d}W, \\ \mathrm{d}X^2 = -\dfrac{1}{2}X^2\mathrm{d}t + X^1\mathrm{d}W \end{cases}$$

的解.

(ii) 证明如果 $\boldsymbol{X} = (X^1, X^2)$ 是另外一个解, 则 $|\boldsymbol{X}|$ 关于时间是常数.

9. 解系统

$$\begin{cases} \mathrm{d}X^1 = \mathrm{d}t + \mathrm{d}W^1, \\ \mathrm{d}X^2 = X^1\mathrm{d}W^2, \end{cases}$$

这里 $\boldsymbol{W} = (W^1, W^2)$ 是布朗运动.

10. 解

$$\begin{cases} dX^1 = X^2 dt + dW^1, \\ dX^2 = X^1 dt + dW^2. \end{cases}$$

11. 解

$$\begin{cases} dX = \frac{1}{2}\sigma'(X)\sigma(X)dt + \sigma(X)dW, \\ X(0) = 0, \end{cases}$$

这里 W 是一维布朗运动, 且 σ 是光滑的正函数. (提示: 设 $f(x) := \int_0^x \frac{dy}{\sigma(y)}$, 且令 $g := f^{-1}$, 证明 $X := g(W)$.)

第 6 章　应用与拓展

内容提要

- ❑ 停时
- ❑ 在偏微分方程中的应用, Feynman-Kac 公式
- ❑ Stratonovich 积分
- ❑ 最优停时
- ❑ 期权定价

这一章我们给出一些关于前几章理论知识的应用以及拓展.

6.1 停时

6.1.1 定义、基本性质

和第 4 章、第 5 章一样, 设 $(\Omega, \mathcal{U}, P)$ 是概率空间, $\mathcal{F}(\cdot)$ 是一个 σ-域流. 我们引入一些关于 $\mathcal{F}(\cdot)$ 是良态的随机时间.

定义 6.1

关于 $\mathcal{F}(\cdot)$ 的随机变量 $\tau: \Omega \to [0, \infty]$ 称为一个停时, 如果

$$\{\tau \leqslant t\} \in \mathcal{F}(t), \quad \forall\, t \geqslant 0.$$

♣

上述定义表明: 所有使得 $\tau(\omega) \leqslant t$ 的 $\omega \in \Omega$ 构成一个 $\mathcal{F}(t)$-可测集. 注意到 τ 可取 $+\infty$, 并且任何常数 $\tau \equiv t_0$ 都是停时.

定理 6.1 (停时的性质)

设 τ_1 和 τ_2 是关于 $\mathcal{F}(\cdot)$ 的停时, 则

(1) $\{\tau < t\} \in \mathcal{F}(t)$, 并且 $\{\tau = t\} \in \mathcal{F}(t)$, 对所有 $t \geqslant 0$ 均成立;

(2) $\tau_1 \wedge \tau_2 := \min(\tau_1, \tau_2), \tau_1 \vee \tau_2 := \max(\tau_1, \tau_2)$ 均是停时.

♡

证明　注意到

$$\{\tau < t\} = \bigcup_{k=1}^{\infty} \underbrace{\{\tau \leqslant t - 1/k\}}_{\in \mathcal{F}(t-1/k) \subseteq \mathcal{F}(t)}.$$

从而我们有 $\{\tau_1 \wedge \tau_2 \leqslant t\} = \{\tau_1 \leqslant t\} \bigcup \{\tau_2 \leqslant t\} \in \mathcal{F}(t)$. 此外, 还有 $\{\tau_1 \vee \tau_2 \leqslant t\} = \{\tau_1 \leqslant t\} \bigcap \{\tau_2 \leqslant t\} \in \mathcal{F}(t)$. □

停时这个概念很自然地出现于随机微分方程的研究中, 因为它允许我们研究在 "随机时间区间" 内发生的现象. 下面通过一个例子来更加清楚地说明这一点.

例题 6.1 (击中一个集合) 考虑随机微分方程

$$\begin{cases} \mathrm{d}\boldsymbol{X}(t) = \boldsymbol{b}(t, \boldsymbol{X})\mathrm{d}t + \boldsymbol{B}(t, \boldsymbol{X})\mathrm{d}\boldsymbol{W}, \\ \boldsymbol{X}(0) = \boldsymbol{X}_0 \end{cases}$$

的解 $\boldsymbol{X}(\cdot)$, 其中 $\boldsymbol{b}$, $\boldsymbol{B}$ 和 $\boldsymbol{X}_0$ 满足存在唯一性定理的假设条件.

定理 6.2

设 E 是 $\mathbb{R}^n$ 中的一个非空集合 (开集或者闭集), 则

$$\tau := \inf\{t \geqslant 0 | \boldsymbol{X}(t) \in E\}$$

是一个停时. (我们令 $\tau = \infty$ 对应 $\boldsymbol{X}(\cdot)$ 的那些碰不到 E 的样本路径, 如图 6.1 所示.) ♡

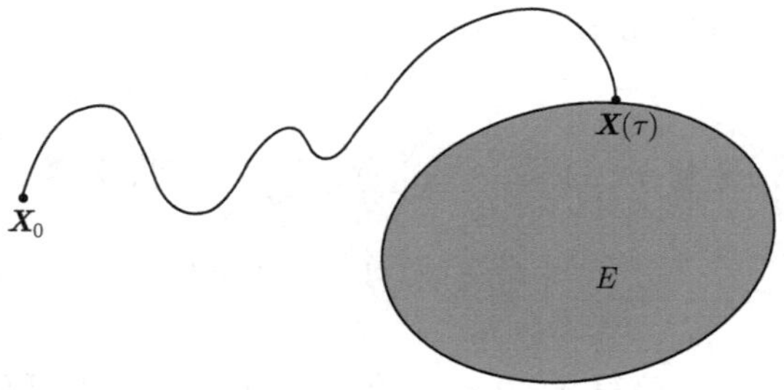

图 6.1

证明 固定 $t \geqslant 0$, 我们必须证明 $\{\tau \leqslant t\} \in \mathcal{F}(t)$. 为此, 取 $[0, \infty)$ 的可数稠密子集 $\{t_i\}_{i=1}^{\infty}$. 首先假设 $E = U$ 是一个开集, 则事件

$$\{\tau \leqslant t\} = \bigcup_{t_i \leqslant t} \underbrace{\{\boldsymbol{X}(t_i) \in U\}}_{\in \mathcal{F}(t_i) \subseteq \mathcal{F}(t)}$$

属于 $\mathcal{F}(t)$.

接着, 我们假设 $E = C$ 是一个闭集, 设 $d(x, C) := \mathrm{dist}(x, C)$ 并定义开集

$$U_n = \left\{x : d(x, C) < \frac{1}{n}\right\}.$$

事件

$$\{\tau \leqslant t\} = \bigcap_{n=1}^{\infty} \bigcup_{t_i \leqslant t} \underbrace{\{\boldsymbol{X}(t_i) \in U_n\}}_{\in \mathcal{F}(t_i) \subseteq \mathcal{F}(t)}$$

同样属于 $\mathcal{F}(t)$. □

注 (1) 随机变量

$$\sigma := \sup\{t \geqslant 0 | \boldsymbol{X}(t) \in E\},$$

即 $\boldsymbol{X}(\cdot)$ 碰到 E 的最后时间一般不是停时. 这是因为事件 $\sigma \leqslant t$ 依赖于整个过程的未来历史, 因此通常不是 $\mathcal{F}(t)$-可测的. (在应用中, $\mathcal{F}(t)$ "包含了 $\boldsymbol{X}(\cdot)$ 在时间 t 及之前的历史, 但是不包含未来的信息".)

(2) "停时" 一词来自于一个例子: 我们有时考虑当样本路径 $\boldsymbol{X}(\cdot)$ 碰到集合 E 的第一时刻 τ 时就停止的情况. 但是在许多应用中, 并没有在时刻 τ 时过程就停止了. 因此, 停时不是一个恰当的名字. □

6.1.2 随机积分和停时

我们接下来考虑具有随机积分上限的随机积分, 并且给出对应 Itô 公式.

定义 6.2

如果 $G \in \mathbb{L}^2(0,T)$ 且 τ 是停时, $0 \leqslant \tau \leqslant T$, 我们定义

$$\int_0^\tau G\mathrm{d}W := \int_0^T \chi_{\{t \leqslant \tau\}} G\mathrm{d}W.$$

♣

引理 6.1

如果 $G \in \mathbb{L}^2(0,T)$ 且 $0 \leqslant \tau \leqslant T$ 是一个停时, 则

$$E\left(\int_0^\tau G\mathrm{d}W\right) = 0, \tag{i}$$

$$E\left(\left(\int_0^\tau G\mathrm{d}W\right)^2\right) = E\left(\int_0^\tau G^2\mathrm{d}t\right).$$

♡

证明 我们有

$$E\left(\int_0^\tau G\mathrm{d}W\right) = E\left(\int_0^T \underbrace{\chi_{\{t \leqslant \tau\}} G}_{\in \mathbb{L}^2(0,T)} \mathrm{d}W = 0\right),$$

并且

$$E\left(\left(\int_0^\tau G\mathrm{d}W\right)^2\right)=E\left(\left(\int_0^T \chi_{\{t\leqslant\tau\}}G\mathrm{d}W\right)^2\right)$$
$$=E\left(\int_0^T(\chi_{\{t\leqslant\tau\}}G)^2\mathrm{d}t\right)$$
$$=E\left(\int_0^\tau G^2\mathrm{d}t\right).\qquad\square$$

对于向量值过程也有类似的公式.

6.1.3 带停时的 Itô 公式

设 $\boldsymbol{W}(\cdot)$ 为 m-维布朗运动. 回忆第 4 章, 如果

$$\mathrm{d}\boldsymbol{X}=\boldsymbol{b}(\boldsymbol{X},t)\mathrm{d}t+\boldsymbol{B}(\boldsymbol{X},t)\mathrm{d}\boldsymbol{W},$$

则对于任意的 C^2 函数 u, 有

$$\mathrm{d}u(\boldsymbol{X},t)=\frac{\partial u}{\partial t}\mathrm{d}t+\sum_{i=1}^n\frac{\partial u}{\partial x_i}\mathrm{d}\boldsymbol{X}^i+\frac{1}{2}\sum_{i,j=1}^n\frac{\partial^2 u}{\partial x_i\partial x_j}\sum_{k=1}^m b^{ik}b^{jk}\mathrm{d}t.\tag{6.1}$$

写成积分的内积形式, 即

$$u(\boldsymbol{X}(t),t)-u(\boldsymbol{X}(0),0)=\int_0^t\left(\frac{\partial u}{\partial s}+Lu\right)\mathrm{d}s+\int_0^t Du\cdot\boldsymbol{B}\mathrm{d}\boldsymbol{W},\tag{6.2}$$

其中微分算子

$$Lu:=\frac{1}{2}\sum_{i,j=1}^n a^{ij}u_{x_ix_j}+\sum_{i=1}^n b^iu_{x_i},\quad a^{ij}=\sum_{k=1}^m b^{ik}b^{jk},$$

并且

$$Du\cdot\boldsymbol{B}\mathrm{d}\boldsymbol{W}=\sum_{k=1}^m\sum_{i=1}^n u_{x_i}b^{ik}\mathrm{d}W^k.$$

在这个积分中 u 的求导变元是 $(\boldsymbol{X}(s),s)$. 我们称 L 是 $\boldsymbol{X}$ 的**生成子**.

对于固定的 $\omega\in\Omega$, 以及任意的 $0\leqslant t\leqslant T$, 公式 (6.2) 成立. 于是可以令 $t=\tau$, 这里 τ 是一个停时, $0\leqslant\tau\leqslant T$, 从而

$$u(\boldsymbol{X}(\tau),\tau)-u(\boldsymbol{X}(0),0)=\int_0^\tau\left(\frac{\partial u}{\partial s}+Lu\right)\mathrm{d}s+\int_0^\tau Du\cdot\boldsymbol{B}\mathrm{d}\boldsymbol{W}.$$

取期望值后, 得到

$$E(u(\boldsymbol{X}(\tau),\tau)) - E(u(\boldsymbol{X}(0),0)) = E\left(\int_0^\tau \left(\frac{\partial u}{\partial s} + Lu\right) \mathrm{d}s\right). \tag{6.3}$$

我们将在下一节看到公式 (6.3) 提供了随机微分方程和 (非随机) 偏微分方程之间的一个重要联系.

6.1.4 布朗运动和 Laplace 算子

一个非常重要的情形是 $\boldsymbol{X}(\cdot) = \boldsymbol{W}(\cdot)$, 即当 $\boldsymbol{X}$ 正好是 n-维布朗运动时, 它的生成子是

$$Lu = \frac{1}{2}\sum_{i=1}^n u_{x_i x_j} =: \frac{1}{2}\Delta u.$$

Δu 被称为 u 的 Laplace 算子, 该算子经常出现在数学和物理领域. 我们将在下一节证明其和布朗运动的重要联系.

6.2 在偏微分方程中的应用、Feynman-Kac 公式

6.2.1 偏微分方程解的概率表示公式

例题 6.2 (预期碰到边界的时间) 设 $U \subset \mathbb{R}^n$ 是一个有界开集, 具有光滑的边界 ∂U. 根据标准的偏微分方程理论, 方程

$$\begin{cases} -\dfrac{1}{2}\Delta u = 1, \ 在\ U\ 中, \\ u = 0, \ 在\ \partial U\ 上 \end{cases} \tag{6.4}$$

存在一个光滑解 u.

我们的目的是找一个 u 的概率表示公式. 为此, 我们固定任意点 $x \in U$, 考虑 m-维布朗运动 $\boldsymbol{W}(\cdot)$, 则 $\boldsymbol{X}(\cdot) := \boldsymbol{W}(\cdot) + x$ 表示以 x 为起点的布朗运动. 定义

$$\tau_x := \left\{\boldsymbol{X}(\cdot)\ 首次到达边界\ \partial U\ 的时刻\right\}. \qquad \square$$

定理 6.3

我们有

$$u(x) = E(\tau_x), \quad \forall x \in U. \tag{6.5}$$

特别地, 在 U 中 $u > 0$. ♡

证明 运用 (6.3), 且此时 $Lu=\frac{1}{2}\Delta u$, 对任意的 $n=1,2,\cdots$, 我们有

$$E(u(\boldsymbol{X}(\tau_x\wedge n)))-E(u(\boldsymbol{X}(0)))=E\left(\int_0^{\tau_x\wedge n}\frac{1}{2}\Delta u(\boldsymbol{X})\mathrm{d}s\right).$$

由于 $\frac{1}{2}\Delta u=-1$, u 是有界的, 从而

$$\lim_{n\to\infty}E(\tau_x\wedge n)<\infty.$$

于是在 $[0,\tau_x]$ 上是可积的, 因此如果我们令 $n\to\infty$, 有

$$u(x)-E(u(\boldsymbol{X}(\tau_x)))=E\left(\int_0^{\tau_x}1\mathrm{d}s\right)=E(\tau_x).$$

但是在边界 ∂U 上 $u=0$, 因此 $u(\boldsymbol{X}(\tau_x))\equiv 0$, 公式 (6.5) 成立. □

注 注意到 u 在 U 上有界, 因此

$$E(\tau_x)<\infty,\ \text{所以}\ \tau_x<\infty\quad \text{a.s.},\quad \forall x\in U.$$

这就意味着从任意 $x\in U$ 出发的布朗样本路径, 依概率最终会触及边界 ∂U. □

例题 6.3 (调和函数的概率表示) 设 $U\subset\mathbb{R}^n$ 是一个光滑的有界区域, 并且 $g:\partial U\to\mathbb{R}$ 是一个给定的连续函数. 从经典的偏微分方程理论, 易知存在函数 $u\in C^2(U)\cap C(\bar{U})$ 满足边界值问题

$$\begin{cases}\Delta u=0, & \text{在 } U \text{ 中},\\ u=g, & \text{在 } \partial U \text{ 上},\end{cases}\tag{6.6}$$

我们称 u 是一个**调和函数**. 偏微分方程 $\Delta u=0$ 称为 **Laplace 方程**.

定理 6.4

对任意的 $x\in U$, 我们有

$$u(x)=E(g(\boldsymbol{X}(\tau_x))),\tag{6.7}$$

其中 $\boldsymbol{X}(\cdot):=\boldsymbol{W}(\cdot)+x$ 是一个从点 x 出发的布朗运动. ♡

证明 类似于定理 6.3 的证明, 我们有

$$E(u(\boldsymbol{X}(\tau_x)))=E(u(\boldsymbol{X}(0)))+E\left(\int_0^{\tau_x}\frac{1}{2}\Delta u(\boldsymbol{X})\mathrm{d}s\right)=E(u(\boldsymbol{X}(0)))=u(x),$$

上述第二个等号成立是因为在 U 上, $\Delta u = 0$. 由于在 ∂U 上 $u = g$, 所以公式 (6.7) 成立. □

注 特别地, 如果在包含于球 $B(x,r)$ 的某个开集上 $\Delta u = 0$, 则

$$u(x) = E(u(\boldsymbol{X}(\tau_x))),$$

这里 τ_x 表示从 x 点出发的布朗运动首次到达 $\partial B(x,r)$ 的时刻.

因为布朗运动在空间是各向同性的, 我们可以合理地假设右边项就是 u 在球面 $\partial B(x,r)$ 上的平均值, 与球面测度有关. 也就是说, 我们有等式

$$u(x) = \frac{1}{\partial B(x,r) \text{ 的面积}} \int_{\partial B(x,r)} u \mathrm{d}S. \tag{6.8}$$

这就是调和函数的**均值公式**. □

例题 6.4 (先碰到一部分边界) 假设边界 ∂U 可以分成两个不相交的部分 Γ_1, Γ_2 的并. u 是偏微分方程

$$\begin{cases} \Delta u = 0, & \text{在 } U \text{ 中}, \\ u = 1, & \text{在 } \Gamma_1 \text{ 上}, \\ u = 0, & \text{在 } \Gamma_2 \text{ 上} \end{cases}$$

的解.

定理 6.5

对任意的 $x \in U$, $u(x)$ 是 x 点出发的布朗运动在接触 Γ_2 之前先碰到 Γ_1 的概率. ♡

证明 根据 (6.7), 对于

$$g = \begin{cases} 1, & \text{在 } \Gamma_1 \text{ 上}, \\ 0, & \text{在 } \Gamma_2 \text{ 上} \end{cases}$$

有

$$u(x) = E(g(\boldsymbol{X}(\tau_x))) = \text{在到达 } \Gamma_2 \text{ 之前, 到达 } \Gamma_1 \text{ 的概率}.$$

如图 6.2 所示. □

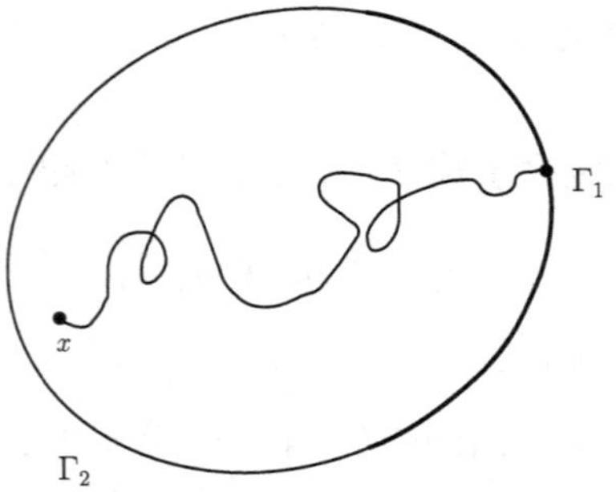

图 6.2

6.2.2　Feynman-Kac 公式

现在, 我们扩展例题 6.3, 以获得如下偏微分方程唯一解的概率表示形式.

$$\begin{cases} -\dfrac{1}{2}\Delta u + cu = f, & \text{在 } U \text{ 中}, \\ u = 0, & \text{在 } \partial U \text{ 上}, \end{cases} \tag{$*$}$$

其中假设 c, f 是光滑函数, 且在 U 上 $c \geqslant 0$.

定理 6.6 (Feynman-Kac (费曼–卡克) 公式)

对任意的 $x \in U$,

$$u(x) = E\left(\int_0^{\tau_x} f(\boldsymbol{X}(t))\mathrm{e}^{-\int_0^t c(\boldsymbol{X})\mathrm{d}s}\mathrm{d}t\right),$$

其中 $\boldsymbol{X}(\cdot) := \boldsymbol{W}(\cdot) + x$ 是一个从 x 出发的布朗运动, 且 τ_x 表示首次到达 ∂U 的时间. ♡

证明　已知 $E(\tau_x) < \infty$, 由于 $c \geqslant 0$, 所以上述积分收敛. 考虑

$$Y(t) := \mathrm{e}^{Z(t)},$$

其中 $Z(t) := -\displaystyle\int_0^t c(\boldsymbol{X})\mathrm{d}s$, 则

$$\mathrm{d}Z = -c(\boldsymbol{X})\mathrm{d}t.$$

根据 Itô 公式, 有

$$\mathrm{d}Y = -c(\boldsymbol{X})Y\mathrm{d}t.$$

于是由 Itô 乘积公式得到

$$\begin{aligned}\mathrm{d}\left(u(\boldsymbol{X})\mathrm{e}^{-\int_0^t c(\boldsymbol{X})\mathrm{d}s}\right) &= (\mathrm{d}u(\boldsymbol{X}))\mathrm{e}^{-\int_0^t c(\boldsymbol{X})\mathrm{d}s} + u(\boldsymbol{X})\mathrm{d}\left(\mathrm{e}^{-\int_0^t c(\boldsymbol{X})\mathrm{d}s}\right) \\ &= \left(\frac{1}{2}\Delta u(\boldsymbol{X})\mathrm{d}t + \sum_{i=1}^n \frac{\partial u(\boldsymbol{X})}{\partial x_i}\mathrm{d}W^i\right)\mathrm{e}^{-\int_0^t c(\boldsymbol{X})\mathrm{d}s} \\ &\quad + u(\boldsymbol{X})(-c(\boldsymbol{X})\mathrm{d}t)\mathrm{e}^{-\int_0^t c(\boldsymbol{X})\mathrm{d}s}.\end{aligned}$$

由公式 (6.3), 对于 $\tau=\tau_x$, 取期望后得到

$$\begin{aligned}&E\left(u(\boldsymbol{X}(\tau_x))\mathrm{e}^{-\int_0^t c(\boldsymbol{X})\mathrm{d}s}\right) - E(u(\boldsymbol{X}(0))) \\ &= E\left(\int_0^{\tau_x}\left[\frac{1}{2}\Delta u(\boldsymbol{X}) - c(\boldsymbol{X})u(\boldsymbol{X})\right]\mathrm{e}^{-\int_0^t c(\boldsymbol{X})\mathrm{d}s}\mathrm{d}t\right).\end{aligned}$$

因为 u 是 $(*)$ 的解, 化简得到

$$u(x) = E(u(\boldsymbol{X}(0))) = E\left(\int_0^{\tau_x} f(\boldsymbol{X})\mathrm{e}^{-\int_0^t c(\boldsymbol{X})\mathrm{d}s}\mathrm{d}t\right). \qquad \square$$

解释 我们可以用这个公式来描述会 "消失" 的布朗运动.

假设布朗运动粒子可能在某个随机时间 "消失", 例如被吸收到运动的介质中. 进一步假设它在一个小的时间区间 $[t,t+h]$ 内 "消失" 的概率是

$$c(\boldsymbol{X}(t))h + o(h),$$

则粒子直到时间 t 仍然存在的概率近似等于

$$(1-c(\boldsymbol{X}(t_1))h)(1-c(\boldsymbol{X}(t_2))h)\cdots(1-c(\boldsymbol{X}(t_n))h),$$

其中 $0=t_0<t_1<\cdots<t_n=t$, $h=t_{k+1}-t_k$, 当 $h\to 0$ 时, 它收敛到 $\mathrm{e}^{-\int_0^t c(\boldsymbol{X})\mathrm{d}s}$.

因此, 有

$$\begin{aligned}u(x) &= \text{所有免于碰到边界 } \partial U \text{ 的样本路径上 } f(\boldsymbol{X}(\cdot)) \text{ 的平均} \\ &= E\left(\int_0^{\tau_x} f(\boldsymbol{X})\mathrm{e}^{-\int_0^t c(\boldsymbol{X})\mathrm{d}s}\mathrm{d}t\right). \qquad \square\end{aligned}$$

注 如果考虑随机微分方程

$$\begin{cases}\mathrm{d}\boldsymbol{X} = \boldsymbol{b}(\boldsymbol{X})\mathrm{d}t + \boldsymbol{B}(\boldsymbol{X})\mathrm{d}\boldsymbol{W}, \\ \boldsymbol{X}(0) = x\end{cases}$$

的解, 我们可以得到类似的公式, 其中

$$\tau_x = \boldsymbol{X}(\cdot)\text{首次碰到边界}\partial U\text{的时间},$$

并且 $\frac{1}{2}\Delta u$ 变成了生成子

$$Lu := \frac{1}{2}\sum_{i,j=1}^{n} a^{ij}u_{x_i x_j} + \sum_{i=1}^{n} b^i u_{x_i}.$$

需要注意的是, 我们需要知道各种不同的偏微分方程有光滑解. 但对于退化的椭圆算子 L, 这种需求并不总是必要的. □

6.3 最优停时

许多控制论问题中的数学理论框架是这样的: 我们从研究对象中提取出一些"系统", 这些系统大部分是微分方程的形式, 即"系统"随着微分方程 (确定的或随机的) 中时间变化而不断演化. 同时, 给定一些控制, 它们以某种方式影响着"系统"的行为: 通常这些控制或者是动力学中的某些参数, 或者是停止过程, 或者两者兼而有之. 最后, 我们给定一个成本标准, 这取决于我们选择的控制以及相应的系统状态.

我们的目的是找到控制的最优选择, 以使成本标准最小化.

在上述的控制论问题中, 最简单的控制问题是当我们无法直接影响控制 $\boldsymbol{X}(\cdot)$ 演化出的 SDE, 且只能在每个时刻决定是否停止, 一个典型的问题随之而来.

6.3.1 随机微分方程的停时

设 $U \subset \mathbb{R}^m$ 是一个有界的光滑区域, 假定 $\boldsymbol{b}: \mathbb{R}^n \to \mathbb{R}^n, \boldsymbol{B}: \mathbb{R}^n \to \mathbb{M}^{n\times m}$, 且满足通常的假设条件, 则对任意的 $x \in U$, 随机微分方程

$$\begin{cases} \mathrm{d}\boldsymbol{X} = \boldsymbol{b}(\boldsymbol{X})\mathrm{d}t + \boldsymbol{B}(\boldsymbol{X})\mathrm{d}\boldsymbol{W}, \\ \boldsymbol{X}(0) = x \end{cases}$$

有唯一解.

设 $\tau = \tau_x$ 表示首次到达 ∂U 的时刻, 设 θ 是关于 $\mathcal{F}(\cdot)$ 的一个停时, 对于每一个 θ, 定义在时间 $\theta \wedge \tau$ 时停止 $\boldsymbol{X}(\cdot)$ 的期望成本为

$$J_x(\theta) := E\left(\int_0^{\theta\wedge\tau} f(\boldsymbol{X}(s))\mathrm{d}s + g(\boldsymbol{X}(\theta\wedge\tau))\right). \tag{6.9}$$

这里的思想是: 如果在可能的随机时刻 $\theta < \tau$ 停止, 则成本是 $\boldsymbol{X}(\theta)$ 在当前状态的一个给定函数 g. 相反地, 如果没有在到达 ∂U 之前停止, 也就是, 如果 $\theta \geqslant \tau$, 则成本是 $g(\boldsymbol{X}(\tau))$. 除此之外, 每一个单位时间存在一个运行成本来保持系统运行直到 $\theta \wedge \tau$.

6.3.2 最优停时

现在的主要的问题是: 是否存在一个最优停时 $\theta^* = \theta_x^*$, 使得

$$J_x(\theta^*) = \min_\theta J_x(\theta)?$$

如果有, 我们该如何找到 θ^*? 事实证明, 尝试直接找到 θ^* 是非常困难的, 一个更好的办法是考虑**值函数**

$$u(x) := \inf_\theta J_x(\theta), \tag{6.10}$$

并且尝试在 $x \in U$ 下, 计算出 u. 注意到 $u(x)$ 是给定的, 从 x 点出发的过程的期望成本的最小值. 事实证明, 一旦知道了 u, 就能构造一个最优的 θ^*. 这种方法称为**动态规划**.

最优条件 假定 u 为上述定义的值函数, 并且假定 u 足够光滑. 我们想要确定这个函数的性质.

首先, 注意到我们可以在定义 (6.10) 中取 $\theta = 0$. 也就是说, 我们可以立即停止并且产生成本 $g(\boldsymbol{X}(0)) = g(x)$. 因此

$$u(x) \leqslant g(x), \quad \forall\, x \in U. \tag{6.11}$$

进一步地, 如果 $x \in \partial U$, 则 $\tau \equiv 0$. 同样

$$u(x) = g(x), \quad \forall\, x \in \partial U. \tag{6.12}$$

接着, 任取一点 $x \in U$ 且固定某个小的常数 $\delta > 0$. 如果在时间 δ 不停止系统, 则根据随机微分方程, 在时间 δ 处系统的新状态将是 $\boldsymbol{X}(\delta)$. 从而在点 $\boldsymbol{X}(\delta)$ 以后能获得的最小成本一定是

$$u(\boldsymbol{X}(\delta)).$$

因此, 如果在时间 δ 处不停止系统, 并且假设不碰到 ∂U, 则成本至少是

$$E\left(\int_0^\delta f(\boldsymbol{X})\mathrm{d}s + u(\boldsymbol{X}(\delta))\right).$$

因为 $u(x)$ 是所有停时成本的下确界, 因此, 我们有

$$u(x) \leqslant E\left(\int_0^\delta f(\boldsymbol{X})\mathrm{d}s + u(\boldsymbol{X}(\delta))\right).$$

现根据 Itô 公式

$$E(u(\boldsymbol{X}(\delta))) = u(x) + E\left(\int_0^\delta Lu(\boldsymbol{X})\mathrm{d}s\right),$$

其中

$$Lu = \frac{1}{2}\sum_{i,j=1}^{n} a^{ij}u_{x_ix_j} + \sum_{i=1}^{n} b^i u_{x_i}, \quad a^{ij} = \sum_{k=1}^{m} b^{ik}b^{jk},$$

于是

$$0 \leqslant E\left(\int_0^\delta f(\boldsymbol{X}) + Lu(\boldsymbol{X})\mathrm{d}s\right).$$

除以 $\delta > 0$, 并且令 $\delta \to 0$, 得到

$$0 \leqslant f(x) + Lu(x).$$

等价地, 我们有

$$Mu \leqslant f, \quad \text{在 } U \text{ 中}, \tag{6.13}$$

这里 $Mu := -Lu$.

最后, 如果 (6.11) 中严格不等式成立, 即

$$u(x) < g(x), \quad \text{对于某些点 } x \in U,$$

则最好不要立即停止过程. 于是, 似乎可以认为我们能让系统继续进行, 至少在非常小的时间 δ 内能让系统继续运行. 在这种情况下, 我们可以得到上面式子的一个等式情形, 即

$$Mu = f, \text{ 在那些 } u < g \text{ 的点}. \tag{6.14}$$

综上, 我们结合 (6.11)~(6.14), 发现如果上面形式上的推导有效, 则值函数 u 满足

$$\begin{cases} \max(Mu - f, u - g) = 0, & \text{在 } U \text{ 中}, \\ u = g, & \text{在 } \partial U \text{ 上}, \end{cases} \tag{6.15}$$

这就是最优条件.

6.3.3 解值函数问题

我们对停时问题的严格研究首先从证明 (6.15) 存在唯一解开始, 然后证明 u 实际上就是 $\min\limits_{\theta} J_x(\theta)$, 最后我们运用 u 来定义最优停时 θ^*.

定理 6.7

假设 f, g 是给定的光滑函数, 则存在唯一的直至二阶导数有界的函数 u, 使得

(1) $u \leqslant g$, 在 U 中;

(2) $Mu \leqslant f$ a.e. 在 U 中;

(3) $\max(Mu - f, u - g) = 0$ a.e. 在 U 中;

(4) $u = g$, 在 ∂U 上.

一般地, $u \notin C^2(U)$. ♡

证明的思想是用形式为

$$\begin{cases} Mu^\varepsilon + \beta_\varepsilon(u^\varepsilon - g) = f, & \text{在 } U \text{ 中}, \\ u^\varepsilon = g, & \text{在 } \partial U \text{ 上} \end{cases}$$

的问题来逼近 (6.15). 这里 $\beta_\varepsilon : \mathbb{R} \to \mathbb{R}$ 是光滑的凸函数, $\beta_\varepsilon' \geqslant 0$, 且对于 $x > 0$, $\beta_\varepsilon \equiv 0$, $\lim\limits_{\varepsilon \to 0} \beta_\varepsilon(x) = \infty$, 则 $u^\varepsilon \to u$. 在实际中, 很难去找一个 u 的精确的表达式, 但是可以得到精确的数值逼近.

6.3.4 设计最优停时

现在证明 (6.15) 的解事实上就是值函数, 顺着这个思路, 我们将知道怎样去设计最优停时 θ^* 的方法.

首先, 注意到**停止集**

$$S := \{x \in U | u(x) = g(x)\}$$

是闭的. 定义对于任意的 $x \in \bar{U}$,

$$\theta^* = \text{首次到达 } S \text{ 的时刻}.$$

定理 6.8

设 u 是 (6.15) 的解, 则

$$u(x) = J_x(\theta^*) = \inf_{\theta} J_x(\theta), \quad \forall\, x \in \bar{U}.$$

♡

也就是说我们需要先计算 (6.15) 的解去找到 S, 根据 θ^* 的定义, 运行 $\boldsymbol{X}(\cdot)$ 直到它碰到 S (或者脱离 U).

证明 1. 定义延续集

$$C := U - S = \{x \in U | u(x) < g(x)\}.$$

在延续集上考虑 $Lu = f$, 且在 ∂C 上, $u = g$. 由于 $\tau \wedge \theta^*$ 是从 C 脱离的时间, 对 $x \in C$, 我们有

$$u(x) = E\left(\int_0^{\tau\wedge\theta^*} f(\boldsymbol{X}(s))\mathrm{d}s + g(\boldsymbol{X}(\tau \wedge \theta^*))\right) = J_x(\theta^*).$$

另一方面, 如果 $x \in S, \tau \wedge \theta^* = 0$, 则

$$u(x) = g(x) = J_x(\theta^*).$$

于是对任意的 $x \in \bar{U}$, 我们有 $u(x) = J_x(\theta^*)$.

2. 现在设 θ 是另一个任意停时, 需要证明

$$u(x) = J_x(\theta^*) \leqslant J_x(\theta).$$

根据 Itô 公式, 有

$$u(x) = E\left(\int_0^{\tau\wedge\theta} Mu(\boldsymbol{X})\mathrm{d}s + u(\boldsymbol{X}(\tau \wedge \theta))\right).$$

但是在 $\bar{U}$ 上, $Mu \leqslant f$ 且 $u \leqslant g$, 于是

$$u(x) \leqslant E\left(\int_0^{\tau\wedge\theta} f(\boldsymbol{X})\mathrm{d}s + g(\boldsymbol{X}(\tau \wedge \theta))\right) = J_x(\theta).$$

但是由于 $u(x) = J_x(\theta^*)$, 从而可以得出结论

$$u(x) = J_x(\theta^*) = \min_\theta J_x(\theta).$$ □

6.4 期权定价

这一节, 我们列出一些 Itô 随机微积分在金融学上的应用.

6.4.1 基本问题

我们考虑一个给定的证券, 比如一只股票, 其在时间 t 时的价格为 $S(t)$. 假设 S 满足第 5 章介绍的 SDE:

$$\begin{cases} \mathrm{d}S = \mu S\mathrm{d}t + \sigma S\mathrm{d}W, \\ S(0) = s_0, \end{cases} \tag{6.16}$$

其中 $\mu > 0$ 是漂移项, $\sigma \neq 0$ 是波动项, 初始价格 s_0 已知.

金融衍生品是一种金融工具, 其盈利依赖于 $S(\cdot)$ 的行为. 我们将研究**欧式看涨期权**, 它是在时间 T 以价格 p 买一只股票 S 的权利. 数字 p 被称为**行权价格**, 且 $T > 0$ 为**执行 (期限) 时间**. 基本问题是

$t = 0$ 时期权的合适价格是多少?

换句话说, 如果你经营一家金融公司并希望向顾客销售这个看涨期权, 你应该把价格定为多少? (我们希望找到收支平衡价格, 即公司既不盈利也不亏本.)

6.4.2 套利和对冲

为简单起见, 假设无风险的现行汇率为 $r > 0$, 这意味着在时间 $t = 0$ 时放入银行 1 美元, 到时间 $t = T$ 时, 变成了 e^{rT} 美元. 同样, 时间 $t = T$ 时银行的 1 美元仅值 $t = 0$ 时的 e^{-rT} 美元.

至于看涨期权定价的问题, 首先猜测合适的价格应该是

$$\mathrm{e}^{-rT}E\left((S(T) - p)^+\right), \tag{6.17}$$

其中 $x^+ := \max(x, 0)$. 这样猜测的理由是: 如果 $S(T) < p$, 那么期权是毫无价值的. 如果 $S(T) > p$, 我们可以以价格 p 购买一份股票, 并立即以价格 $S(T)$ 出售, 从而获利 $(S(T) - p)^+$. 我们将这个结果所有样本路径上进行平均, 然后乘上折扣 e^{-rT}, 从而得到 (6.17).

虽然这些观点听起来很合理, 但事实上, (6.17) 并不是合适的价格. 在金融市场其他外力因素也在起作用. 实际上, 期权定价最基本的因素是**套利**, 即存在无风险利益的可能性.

为了不给他人留下套利的机会, 我们必须对我们的期权进行定价.

为了把这些原则转化为数学语言, 我们引入**对冲**的概念. 也就是说, 作为卖方要在某种程度上消除风险. 具体的细节在下一小节描述, 但是其基本思想是能够通过 (包含连续变化的) 无风险投资和有买入需求的股票来有效 "复制" 期权.

6.4.3 数学模型

接下来将展示如何使用上述原则将定价问题转化为偏微分方程. 引入**定价函数**:

$$u(s,t) := t\text{时刻期权的适当价格, 假定}S(t)=s, \tag{6.18}$$

其中 $s \geqslant 0$ 并且 $0 \leqslant t \leqslant T$. 于是 $u(s_0,0)$ 就是要寻找的价格.

终止条件、边界条件 想要将 u 作为 S 和 t 的函数来计算. 为此, 首先注意到在期限时间 T 处, 有

$$u(s,T) = (s-p)^+, \quad s \geqslant 0. \tag{6.19}$$

进一步地, 如果 $s=0$, 则对任意的 $0 \leqslant t \leqslant T$, 有 $S(t)=0$. 所以

$$u(0,t) = 0, \quad 0 \leqslant t \leqslant T. \tag{6.20}$$

下面讨论对于 $s>0,\ 0 \leqslant t \leqslant T$, 怎样的偏微分方程满足上述条件.

复制期权、自筹资金 定义过程

$$C(t) := u(S(t),t), \quad 0 \leqslant t \leqslant T. \tag{6.21}$$

从而 $C(t)$ 是在时间 t 时期权的价格, 而且由于股票价格 $S(t)$ 是随机的, 所以 $C(t)$ 也是随机的. 根据 Itô 公式和 (6.16), 有

$$\begin{aligned} \mathrm{d}C &= u_t\mathrm{d}t + u_s\mathrm{d}S + \frac{1}{2}u_{ss}(\mathrm{d}S)^2 \\ &= \left(u_t + \mu S u_s + \frac{\sigma^2}{2}S^2 u_{ss}\right)\mathrm{d}t + \sigma S u_s \mathrm{d}W. \end{aligned} \tag{6.22}$$

现在一个关键的想法是: 想要通过包含股票 S 和证券 B 的投资来 "复制"C. 更准确地, 假设 B 是一个无风险投资, 并且以现行汇率 r 增长, 即

$$\begin{cases} \mathrm{d}B = rB\mathrm{d}t, \\ B(0) = 1. \end{cases} \tag{6.23}$$

当然, 显然有 $B(t)=\mathrm{e}^{rt}$. 我们尝试寻找过程 ϕ 和 ψ 以使

$$C = \phi S + \psi B, \quad 0 \leqslant t \leqslant T. \tag{6.24}$$

讨论 关键在于如果能构造出 ϕ 和 ψ 使得 (6.24) 成立, 就可以消除所有风险. 为了更清楚地看到这点, 想象一下, 如果某金融公司出售一个看涨期权, 公司

承担着在时间 T 时股票价格 $S(T)$ 超过 p 的风险, 因此购买者将对这个期权产生担忧. 但是如果公司同时构建了投资 (6.24), 其利润将恰好等于支付给客户所需的资金. 相反地, 如果期权在时刻 T 没有利益, 投资将没有利润.

但是为了使这个计划生效, 除了最初用于建立计划的投资, 金融公司不应该注入任何新的资金到对冲计划中. 为此, 我们需要 (6.24) 右端表示的投资是自筹资金, 这意味着投资价值的变化应该仅依赖 S 和 B. 因此, 需要

$$\mathrm{d}C = \phi \mathrm{d}S + \psi \mathrm{d}B, \quad 0 \leqslant t \leqslant T. \tag{6.25}$$

结合 (6.22)、(6.23) 和 (6.25), 有

$$\left(u_t + \mu S u_s + \frac{\sigma^2}{2} S^2 u_{ss}\right) \mathrm{d}t + \sigma S u_s \mathrm{d}W = \phi(\mu S \mathrm{d}t + \sigma S \mathrm{d}W) + \psi r B \mathrm{d}t. \tag{6.26}$$

因此, 如果 (6.24) 成立, 则 (6.26) 就一定成立. 我们尝试选择 ϕ, ψ 使得这些都成立. 特别地, 注意到用 $\mathrm{d}W$ 乘 (6.26) 的两端, 并且取

$$\phi(t) := u_s(S(t), t), \quad 0 \leqslant t \leqslant T, \tag{6.27}$$

则 (6.26) 化简为

$$\left(u_t + \frac{\sigma^2}{2} S^2 u_{ss}\right) \mathrm{d}t = \psi r B \mathrm{d}t.$$

但是根据 (6.24) 和 (6.27), $\psi B = C - \phi S = u - u_s S$, 因此

$$\left(u_t + r S u_s + \frac{\sigma^2}{2} S^2 u_{ss} - r u\right) \mathrm{d}t = 0, \tag{6.28}$$

其中 u 的求导变元是 $(S(t), t)$.

因此, 为了让 (6.21) 成立, 需要函数 $u = u(s, t)$ 满足 **Black-Scholes-Merton 方程**:

$$u_t + r s u_s + \frac{\sigma^2}{2} s^2 u_{ss} - r u = 0, \quad 0 \leqslant t \leqslant T. \tag{6.29}$$

我们讨论出的主要结果是推导出了这样一个偏微分方程. 注意到参数 μ 没有出现.

关于自筹资金的更多介绍 在继续讨论之前, 我们回看自筹资金条件 (6.25). 由 Itô 乘积公式和 (6.24), 有

$$\mathrm{d}C = \phi \mathrm{d}S + \psi \mathrm{d}B + S \mathrm{d}\phi + B \mathrm{d}\psi + \mathrm{d}\phi \mathrm{d}S.$$

为了确保 (6.25) 成立, 必须保证

$$S\mathrm{d}\phi + B\mathrm{d}\psi + \mathrm{d}\phi\mathrm{d}S = 0, \tag{6.30}$$

其中 $\phi(t) = u_s(S(t), t)$. 现在 $\mathrm{d}\phi\mathrm{d}S = \sigma^2 S^2 u_{ss}\mathrm{d}t$, 于是 (6.30) 成立, 如果

$$\mathrm{d}\psi = -B^{-1}(S\mathrm{d}\phi + \sigma^2 S^2 u_{ss}\mathrm{d}t). \tag{6.31}$$

我们很容易证明这一点, 事实上, 注意到 (6.24) 和 (6.27) 可以推出

$$\psi = B^{-1}(C - \phi S) = \mathrm{e}^{-rt}(u(S,t) - u_s(S,t)S).$$

通过直接计算即可证明 (6.31).

6.4.4 总结

为了给看涨期权定价, 需要解初边值问题

$$\begin{cases} u_t + rsu_s + \dfrac{\sigma^2}{2}s^2u_{ss} - ru = 0, & (s > 0, 0 \leqslant t \leqslant T), \\ u = (s-p)^+, & (s > 0, t = T), \\ u = 0, & (s = 0, 0 \leqslant t \leqslant T), \end{cases} \tag{6.32}$$

而 $u(s_0, 0)$ 是尝试找到的价格.

事实证明, 这个问题可以得到显式解, 尽管这里省去了细节. 具体可以参考 [18].

6.5 Stratonovich 积分

下面讨论 **Stratonovich 随机积分**, 它是 Itô 形式积分的替代. 具体的内容和证明可以参考 [16, 第 10 章].

6.5.1 动机

首先, 考虑形如

$$\begin{cases} \dot{X} = d(t)X + f(t)X\xi, \\ X(0) = X_0 \end{cases} \tag{6.33}$$

的随机微分方程, 这里 $m = n = 1$ 并且 $\xi(\cdot)$ 是一维的白噪声. 如果把它严格地解释为随机微分方程

$$\begin{cases} \mathrm{d}X = d(t)X\mathrm{d}t + f(t)X\mathrm{d}W, \\ X(0) = X_0, \end{cases} \tag{6.34}$$

回忆第 5 章, 它的唯一解是

$$X(t) = X_0 e^{\int_0^t (d(s) - \frac{1}{2} f^2(s))ds + \int_0^t f(s)dW}. \tag{6.35}$$

另一方面, 也许 (6.33) 是一个物理现象的数学模型, 但我们不确定 $\xi(\cdot)$ 是否为 "真正的" 白噪声. 它也许是一个具有光滑 (但是非常复杂) 样本路径的过程. 在这种情况下该怎么构建模型呢?

6.5.2 近似白噪声

更准确地说, 假定 $\{\xi^k(\cdot)\}_{k=1}^{\infty}$ 是一个随机过程序列, 且满足:

(1) $E(\xi^k(t)) = 0$;

(2) $E(\xi^k(t)\xi^k(s)) := d^k(t-s)$;

(3) $\xi^k(t)$ 是高斯的, $t \geqslant 0$;

(4) $t \mapsto \xi^k(t)$ 是光滑的, $\forall \omega$,

其中假设当 $k \to \infty$ 时, 函数 $d^k(\cdot)$ 收敛到 0 点处的 Dirac (狄拉克) 测度 δ_0.

根据高斯过程的白噪声 $\xi(\cdot)$ 的正式定义, 有 $E\xi(t) = 0$, $E(\xi(t)\xi(s)) = \delta_0(t-s)$, 于是 $\xi^k(\cdot)$ 可以看成是 $\xi(\cdot)$ 的光滑近似.

6.5.3 近似解

现在考虑问题

$$\begin{cases} \dot{X}^k = d(t)X^k + f(t)X^k\xi^k, \\ X^k(0) = X_0. \end{cases} \tag{6.36}$$

对于任意的 ω, 这是一个常规的常微分方程, 它的解是

$$X^k(t) := X_0 e^{\int_0^t d(s)ds + \int_0^t f(s)\xi^k(s)ds}.$$

令

$$Z^k(t) := \int_0^t f(s)\xi^k(s)ds,$$

则对于任意时间 $t \geqslant 0$, 其是一个高斯随机变量, 且

$$E(Z^k(t)) = 0.$$

进一步, 有

$$E(Z^k(t)Z^k(s)) = \int_0^t \int_0^s f(\tau)f(\sigma)d_k(\tau-\sigma)d\sigma d\tau$$

$$\to \int_0^t \int_0^s f(\tau)f(\sigma)\delta_0(\tau-\sigma)\mathrm{d}\sigma\mathrm{d}\tau$$

$$= \int_0^{t\wedge s} f^2(\tau)\mathrm{d}\tau.$$

因此, 当 $k\to\infty$, $Z^k(t)$ 在 $\mathbb{L}^2$ 中收敛到一个分布和 $\int_0^t f(s)\mathrm{d}W$ 一致的过程. 从而 $X^k(t)$ 收敛到一个分布和

$$\hat{X}(t) := X_0 \mathrm{e}^{\int_0^t d(s)\mathrm{d}s+\int_0^t f(s)\mathrm{d}W} \tag{6.37}$$

一致的过程. 这和 (6.35) 不一致.

解释 如果把 (6.33) 中的 $\xi(\cdot)$ 看作是“真”的白噪声时的 Itô 随机微分方程, 则 (6.35) 就是方程的解. 但是如果通过光滑过程 $\xi^k(\cdot)$ 来逼近 $\xi(\cdot)$, 并通过逼近问题 (6.36) 的解 $X^k(\cdot)$ 取极限, 我们得到了一个不同的解 (6.37). 这意味着 (6.33) 关于随机项 $\xi(\cdot)$ 的变化是不稳定的. 这个结论在建模问题中有重要的作用, 因为在试验中我们不清楚是否真有 $\xi(\cdot)$ 或者取而代之的是 (6.36) 中 $\xi^k(\cdot)$ 以及类似问题. □

鉴于此, 是否有某种方法可以重新定义随机积分来避免上述问题的出现. 而建立 Stratonovich 积分是解决上述问题的有效方法之一.

6.5.4 Stratonovich 积分的定义

例题 6.5 回忆第 4 章, 我们定义一维的布朗运动

$$\int_0^T W\mathrm{d}W := \lim_{|P^n|\to 0}\sum_{k=0}^{m_n-1} W(t_k^n)(W(t_{k+1}^n)-W(t_k^n)) = \frac{W^2(T)-T}{2},$$

其中 $P^n := \{0=t_0^n<t_1^n<\cdots<t_{m_n}^n=T\}$ 是 $[0,T]$ 的一个分割. 这相应于黎曼和近似序列, 这里的被积函数用每个子区间 $[t_k^n, t_{k+1}^n]$ 的左端点的值来计算.

相应的 Stratonovich 积分定义为

$$\int_0^T W\circ\mathrm{d}W := \lim_{|P^n|\to 0}\sum_{k=0}^{m_n-1}\left(\frac{W(t_{k+1}^n)+W(t_k^n)}{2}\right)(W(t_{k+1}^n-W(t_k^n))) = \frac{W^2(T)}{2}.$$

根据第 4 章的计算, 同样有

$$\int_0^T W\circ\mathrm{d}W = \lim_{|P^n|\to 0}\sum_{k=0}^{m_n-1} W\left(\frac{t_{k+1}^n+t_k^n}{2}\right)(W(t_{k+1}^n)-W(t_k^n)).$$

因此这种情形也相应于黎曼近似和, 只不过此时被积函数用每个子区间 $[t_k^n, t_{k+1}^n]$ 的中点值来计算.

符号 我们在 $\mathrm{d}W$ 前面加一个小圆圈 $\circ$ 来表示 Stratonovich 积分. □

我们推广例题 6.5, 并由此引入定义:

定义 6.3

设 $\boldsymbol{W}(\cdot)$ 是 n-维布朗运动, 且 $\boldsymbol{B}: \mathbb{R}^n \times [0,T] \to \mathbb{M}^{n\times n}$ 是 C^1 函数, 使得

$$E\left(\int_0^T |\boldsymbol{B}(\boldsymbol{W},t)|^2 \mathrm{d}t\right) < \infty.$$

我们定义

$$\int_0^T \boldsymbol{B}(\boldsymbol{W},t)\circ \mathrm{d}\boldsymbol{W} := \lim_{|P^n|\to 0}\sum_{k=0}^{m_n-1} \boldsymbol{B}\left(\frac{\boldsymbol{W}(t_{k+1}^n)+\boldsymbol{W}(t_k^n)}{2}, t_k^n\right) \cdot (\boldsymbol{W}(t_{k+1}^n)-\boldsymbol{W}(t_k^n)).$$ ♣

可以证明, 在 $\mathbb{L}^2(\Omega)$ 中极限存在.

注 由于 Itô 公式可以用以下方式计算

$$\int_0^T \boldsymbol{B}(\boldsymbol{W},t)\mathrm{d}\boldsymbol{W} = \lim_{|P^n|\to 0}\sum_{k=0}^{m_n-1} \boldsymbol{B}(\boldsymbol{W}(t_k^n), t_k^n)(\boldsymbol{W}(t_{k+1}^n)-\boldsymbol{W}(t_k^n)).$$

其一般不等于 Stratonovich 积分, 但是有**转换公式**

$$\left[\int_0^T \boldsymbol{B}(\boldsymbol{W},t)\circ \mathrm{d}\boldsymbol{W}\right]^i = \left[\int_0^T \boldsymbol{B}(\boldsymbol{W},t)\mathrm{d}\boldsymbol{W}\right]^i + \frac{1}{2}\int_0^T \sum_{j=1}^n \frac{\partial b^{ij}}{\partial x_j}(\boldsymbol{W},t)\mathrm{d}t, \quad (6.38)$$

$i=1,\cdots,n$, 其中 v^i 表示向量函数 $\boldsymbol{V}$ 的第 i 个分量.

这个公式的证明是根据

$$\int_0^T \boldsymbol{B}(\boldsymbol{W},t)\circ \mathrm{d}\boldsymbol{W} - \int_0^T \boldsymbol{B}(\boldsymbol{W},t)\mathrm{d}\boldsymbol{W}$$
$$= \lim_{|P^n|\to 0}\sum_{k=0}^{m_n-1}\left[\boldsymbol{B}\left(\frac{\boldsymbol{W}(t_{k+1}^n)+\boldsymbol{W}(t_k^n)}{2}, t_k^n\right) - \boldsymbol{B}(\boldsymbol{W}(t_k^n), t_k^n)\right]\cdot (\boldsymbol{W}(t_{k+1}^n)-\boldsymbol{W}(t_k^n)),$$

并且运用平均值定理以及一些估计极限的方法. 我们省去证明细节.

如果 $n=1$, 则

$$\int_0^T b(W,t)\circ \mathrm{d}W = \int_0^T b(W,t)\mathrm{d}W + \frac{1}{2}\int_0^T \frac{\partial b}{\partial x}(W,t)\mathrm{d}t.$$ □

现假设 $\boldsymbol{B}:\mathbb{R}^n\times[0,T]\to\mathbb{M}^{n\times m}$, 且 $\boldsymbol{W}(\cdot)$ 是 m-维布朗运动. 我们定义:

定义 6.4

如果 $\boldsymbol{X}(\cdot)$ 是一个 $\mathbb{R}^n$ 值随机过程, 则定义

$$\int_0^T \boldsymbol{B}(\boldsymbol{X},t)\circ \mathrm{d}\boldsymbol{W} := \lim_{|P^n|\to 0}\sum_{k=0}^{m_n-1}\boldsymbol{B}\left(\frac{\boldsymbol{X}(t_{k+1}^n)+\boldsymbol{X}(t_k^n)}{2},t_k^n\right)\cdot(\boldsymbol{W}(t_{k+1}^n)-\boldsymbol{W}(t_k^n)),$$

如果对于所有分解序列 P^n, 且 $|P^n|\to 0$, 上述极限在 $\mathbb{L}^2(\Omega)$ 中存在. ♣

6.5.5 Stratonovich 链式法则

定义 6.5

假设过程 $\boldsymbol{X}(\cdot)$ 是 Stratonovich 积分方程

$$\boldsymbol{X}(t)=\boldsymbol{X}(0)+\int_0^t \boldsymbol{b}(\boldsymbol{X},s)\mathrm{d}s+\int_0^t \boldsymbol{B}(\boldsymbol{X},s)\circ\mathrm{d}\boldsymbol{W},\quad 0\leqslant t\leqslant T$$

的解, 其中 $\boldsymbol{b}:\mathbb{R}^n\times[0,T]\to\mathbb{R}^n$ 以及 $\boldsymbol{B}:\mathbb{R}^n\times[0,T]\to\mathbb{M}^{n\times m}$.
我们可以写成微分形式

$$\mathrm{d}\boldsymbol{X}=\boldsymbol{b}(\boldsymbol{X},t)\mathrm{d}t+\boldsymbol{B}(\boldsymbol{X},t)\circ\mathrm{d}\boldsymbol{W},$$

其中右边的第二项是 **Stratonovich 随机微分**. ♣

定理 6.9 (Stratonovich 链式法则)

假设

$$\mathrm{d}\boldsymbol{X}=\boldsymbol{b}(\boldsymbol{X},t)\mathrm{d}t+\boldsymbol{B}(\boldsymbol{X},t)\circ\mathrm{d}\boldsymbol{W}$$

且 $u:\mathbb{R}^n\times[0,T]\to\mathbb{R}$ 是光滑函数. 定义

$$Y(t):=u(\boldsymbol{X}(t),t),$$

则

$$\mathrm{d}Y=\frac{\partial u}{\partial t}\mathrm{d}t+\sum_{i=1}^n\frac{\partial u}{\partial x_i}\circ\mathrm{d}X^i$$

$$= \left(\frac{\partial u}{\partial t} + \sum_{i=1}^{n} b^i\right) \mathrm{d}t + \sum_{i=1}^{n}\sum_{k=1}^{m} \frac{\partial u}{\partial x_i} b^{ik} \circ \mathrm{d}W^k.$$

因此, Stratonovich 随机积分满足通常的链式法则, 与 Itô 公式不同, 这里没有额外包含 $\dfrac{\partial^2 u}{\partial x_i \partial x_j}$ 项.

由于和 Itô 公式的证明类似, 省去证明过程. 主要的不同在于公式

$$\int_0^T W \circ \mathrm{d}W = \frac{1}{2}W^2(T).$$

注 下面回到方程 (6.33). 如果微分方程解释为

$$\begin{cases} \mathrm{d}X = d(t)X\mathrm{d}t + f(t)X\mathrm{d}W, \\ X(0) = X_0, \end{cases} \quad (\text{Itô 意义下})$$

则

$$X(t) = X_0 \mathrm{e}^{\int_0^t (d(s) - \frac{1}{2}f^2(s))\mathrm{d}s + \int_0^t f(s)\mathrm{d}W}.$$

可是, 如果 (6.33) 解释为

$$\begin{cases} \mathrm{d}X = d(t)X\mathrm{d}t + f(t)X \circ \mathrm{d}W, \\ X(0) = X_0, \end{cases} \quad (\text{Stratonovich 意义下})$$

则解为

$$\tilde{X}(t) = X_0 \mathrm{e}^{\int_0^t d(s)\mathrm{d}s + \int_0^t f(s)\mathrm{d}W}.$$

通过上面的 Stratonovich 积分我们很容易证明这一点.

解 $\tilde{X}(\cdot)$ 同样可以通过光滑过程 $\xi^k(\cdot)$ 取极限来逼近白噪声 $\xi(\cdot)$ 得到. 这说明在 Stratonovich 意义下解释 (6.33) 和类似的随机微分方程, 将得到与随机项扰动有关的稳定解. 情况确实如此, 参考 [19, 20].

注意到上面的论述只是从数学上解释随机微分方程 (6.33), 但是并没有说哪种解释在物理上是正确的. 严格来说, 这是建模的问题, 而非数学问题. □

6.5.6 SDE 的转换公式

设 $\boldsymbol{W}(\cdot)$ 是 m-维的布朗运动, 并且假设 $\boldsymbol{b} : \mathbb{R}^n \times [0,T] \to \mathbb{R}^n$, $\boldsymbol{B} : \mathbb{R}^n \times [0,T] \to \mathbb{M}^{n\times m}$ 满足存在唯一性定理的假设条件, 则 $\boldsymbol{X}(\cdot)$ 是 Itô 随机微分方程

$$\begin{cases} \mathrm{d}\boldsymbol{X} = \boldsymbol{b}(\boldsymbol{X},t)\mathrm{d}t + \boldsymbol{B}(\boldsymbol{X},t)\mathrm{d}\boldsymbol{W}, \\ \boldsymbol{X}(0) = \boldsymbol{X}_0 \end{cases}$$

的解当且仅当 $\boldsymbol{X}(\cdot)$ 是 Stratonovich 随机微分方程

$$\begin{cases} \mathrm{d}\boldsymbol{X} = [\boldsymbol{b}(\boldsymbol{X},t) - \frac{1}{2}\boldsymbol{c}(\boldsymbol{X},t)]\mathrm{d}t + \boldsymbol{B}(\boldsymbol{X},t) \circ \mathrm{d}\boldsymbol{W}, \\ \boldsymbol{X}(0) = \boldsymbol{X}_0 \end{cases}$$

的解, 其中

$$c^i(x,t) = \sum_{k=1}^{m}\sum_{j=1}^{n} \frac{\partial b^{ik}}{\partial x_j}(x,t)b^{jk}(x,t) \quad (1 \leqslant i \leqslant n).$$

当 $m = n = 1$ 时, 即

$$\mathrm{d}X = b(X)\mathrm{d}t + \sigma(X)\mathrm{d}W,$$

当且仅当

$$\mathrm{d}X = (b(X) - \frac{1}{2}\sigma'(X)\sigma(X))\mathrm{d}t + \sigma(X) \circ \mathrm{d}W.$$

6.5.7 总结

在本章的最后, 我们总结两种随机积分的优点.

Itô 积分的优点

(1) 简单的公式: $E\left(\int_0^t G\mathrm{d}W\right) = 0,\ E\left(\left(\int_0^t G\mathrm{d}W\right)^2\right) = E\left(\int_0^t G^2\mathrm{d}t\right)$.

(2) $I(t) = \int_0^t G\mathrm{d}W$ 是一个鞅.

Stratonvich 积分的优点

(1) 满足通常的链式法则;

(2) 随机微分方程的解在 Stratonvich 意义下关于随机项的变化是稳定的.

第 6 章练习

1. 设 τ 为一个一维布朗运动第一次碰到半开区间 $(a,b]$ 的时间, 证明 τ 是一个停时.

2. 设 $\boldsymbol{W}$ 为 n-维布朗运动, $n \geqslant 3$. 记 $\boldsymbol{X} = \boldsymbol{W} + x_0$, 这里点 x_0 位于区间 $U = \{0 < R_1 < |x| < R_2\}$. 计算 $\boldsymbol{X}$ 在碰到球 $\{|x| = R_1\}$ 内部前碰到球 $\{|x| = R_2\}$ 外的概率. (提示: 验证

$$\Phi(x) = \frac{1}{|x|^{n-2}},$$

当 $x \neq 0$, 满足 $\Delta\Phi = 0$. 修正 Φ 来建立一个函数 u, 使它在球内部为 0 外部为 1.)

附　　录

附录 A　Laplace-De Moivre 定理的证明

证明　1. 令 $S_n^* := \dfrac{S_n - np}{\sqrt{npq}}$, 其为一个随机变量, 取值 $x_k = \dfrac{k - np}{\sqrt{npq}}$, $k = 0, \cdots, n$, 概率为 $p_n(k) = \begin{pmatrix} n \\ k \end{pmatrix} p^k q^{n-k}$.

考虑区间 $\left[\dfrac{-np}{\sqrt{npq}}, \dfrac{np}{\sqrt{npq}}\right]$. 点 x_k 把该区间分成 n 个长度为

$$h := \frac{1}{\sqrt{npq}}$$

的子区间. 如果 $n \to \infty$, 并且同时 k 变化以使得 $|x_k|$ 有界, 则

$$k = np + x_k\sqrt{npq} \to \infty,$$

并且

$$n - k = nq - x_k\sqrt{npq} \to \infty.$$

2. 我们回想到 Stirling 公式, 即

$$n! = \mathrm{e}^{-n} n^n \sqrt{2\pi n}(1 + o(1)), \quad n \to \infty,$$

这里“$o(1)$”表示无穷小量 (参见 [21–23]) . 因此, 当 $n \to \infty$ 时, 有

$$\begin{aligned}
p_n(k) &= \begin{pmatrix} n \\ k \end{pmatrix} p^k q^{n-k} = \frac{n!}{k!(n-k)!} p^k q^{n-k} \\
&= \frac{\mathrm{e}^{-n} n^n \sqrt{2\pi n} p^k q^{n-k}}{\mathrm{e}^{-k} k^k \sqrt{2\pi k}\mathrm{e}^{-(n-k)}(n-k)(n-k)\sqrt{2\pi(n-k)}}(1 + o(1)) \\
&= \frac{1}{2\pi}\sqrt{\frac{n}{k(n-k)}}\left(\frac{np}{k}\right)^k \left(\frac{nq}{n-k}\right)^{n-k} (1 + o(1)). \qquad \text{(A.1)}
\end{aligned}$$

3. 观察到, 如果 $x = x_k = \dfrac{k-np}{\sqrt{npq}}$, 则

$$1+\sqrt{\frac{q}{np}}x = 1+\sqrt{\frac{q}{np}}\left(\frac{k-np}{\sqrt{npq}}\right) = \frac{k}{np},$$

并且

$$1-\sqrt{\frac{p}{nq}}x = \frac{n-k}{nq}.$$

同样注意到, 当 $y \to 0$, $\log(1\pm y) = \pm y - \dfrac{y^2}{2} + O(y^3)$. 因此

$$\begin{aligned}\log\left(\frac{np}{k}\right)^k &= -\,k\log\left(\frac{k}{np}\right)\\ &= -\,k\log\left(1+\sqrt{\frac{q}{np}}x\right)\\ &= -\,(np+x\sqrt{npq})\left(\sqrt{\frac{q}{np}}x - \frac{q}{2np}x^2\right) + O\left(n^{-\frac{1}{2}}\right).\end{aligned}$$

类似地,

$$\log\left(\frac{nq}{n-k}\right)^{n-k} = -(np - x\sqrt{npq})\left(-\sqrt{\frac{q}{np}}x - \frac{q}{2np}x^2\right) + O\left(n^{-\frac{1}{2}}\right).$$

综上, 化简发现

$$\lim_{\substack{n\to\infty\\ \frac{k-np}{\sqrt{npq}}\to x}} \log\left(\left(\frac{np}{k}\right)^k\left(\frac{nq}{n-k}\right)^{n-k}\right) = -\frac{x^2}{2}.$$

从而

$$\lim_{\substack{n\to\infty\\ \frac{k-np}{\sqrt{npq}}\to x}} \left(\frac{np}{k}\right)^k\left(\frac{nq}{n-k}\right)^{n-k} = \mathrm{e}^{-\frac{x^2}{2}}. \tag{A.2}$$

4. 最后, 注意到由于 $k = np + x\sqrt{npq}$, $n-k = nq - x\sqrt{npq}$, 所以

$$\sqrt{\frac{n}{k(n-k)}} = \frac{1}{\sqrt{npq}}(1+\mathrm{o}(1)) = h(1+\mathrm{o}(1)), \tag{A.3}$$

现在对于 $a<b$,

$$P(a\leqslant S_n^*\leqslant b)=\sum_{\substack{a\leqslant x_k\leqslant b\\ x_k=\frac{k-np}{\sqrt{npq}}.}} p_n(k)$$

根据 (A.1)~(A.3), 后面项是一个黎曼近似和, 即当 $n\to\infty$ 时等于积分

$$\frac{1}{\sqrt{2\pi}}\int_a^b \mathrm{e}^{-\frac{x^2}{2}}\mathrm{d}x. \qquad \square$$

附录 B 离散鞅不等式的证明

证明 1. 定义

$$A_k:=\bigcap_{j=1}^{k-1}\{X_j\leqslant\lambda\}\cap\{X_k>\lambda\},\quad (k=1,\cdots,n),$$

则

$$A:=\left\{\max_{1\leqslant k\leqslant n}X_k>\lambda\right\}=\underbrace{\bigcup_{k=1}^{n}A_k}_{\text{不相交的并}}.$$

由于 $\lambda P(A_k)\leqslant\int_{A_k}X_k\mathrm{d}P$, 我们有

$$\lambda P(A)=\lambda\sum_{k=1}^{n}P(A_k)\leqslant\sum_{k=1}^{n}E(\chi_{A_k}X_k), \tag{B.1}$$

因此

$$\begin{aligned}E(X_n^+)&\geqslant\sum_{k=1}^{n}E(X_n^+\chi_{A_k})\\&=\sum_{k=1}^{n}E(E(X_n^+\chi_{A_k}|X_1,\cdots,X_k))\\&=\sum_{k=1}^{n}E(\chi_{A_k}E(X_n^+|X_1,\cdots,X_k))\\&\geqslant\sum_{k=1}^{n}E(\chi_{A_k}E(X_n|X_1,\cdots,X_k))\end{aligned}$$

$$\geqslant \sum_{k=1}^{n} E(\chi_{A_k} X_k) \quad (\Leftarrow \text{根据下鞅的性质})$$

$$\geqslant \lambda P(A). \quad (\Leftarrow \text{根据 (B.1)})$$

2. 接着, 注意到上述证明表明

$$\lambda P\left(\max_{1\leqslant k\leqslant n} X_k > \lambda\right) \leqslant \int_{\{\max_{1\leqslant k\leqslant n} X_k > \lambda\}} X_n^+ \mathrm{d}P.$$

运用到下鞅 $|X_k|$:

$$\lambda P(X > \lambda) \leqslant \int_{X>\lambda} Y \mathrm{d}P, \tag{B.2}$$

其中 $X := \max_{1\leqslant k\leqslant n} |X_k|, Y := |X_n|$. 现在取某个 $1 < p < \infty$, 则

$$\begin{aligned}
E(|X|^p) &= -\int_0^\infty \lambda^p \mathrm{d}P(\lambda) \quad (\Leftarrow P(\lambda) := P(X > \lambda)) \\
&= p\int_0^\infty \lambda^{p-1} P(\lambda) \mathrm{d}\lambda \\
&\leqslant p\int_0^\infty \lambda^{p-1}\left(\frac{1}{\lambda}\int_{\{X>\lambda\}} Y \mathrm{d}P\right) \mathrm{d}\lambda \quad (\Leftarrow \text{根据 (B.2)}) \\
&= p\int_\Omega Y\left(\int_0^x \lambda^{p-2}\mathrm{d}\lambda\right)\mathrm{d}P \\
&= \frac{p}{p-1}\int_\Omega Y X^{p-1}\mathrm{d}P \\
&\leqslant \frac{p}{p-1}\left(\int_\Omega Y^p \mathrm{d}P\right)^{1/p}\left(\int_\Omega X^p \mathrm{d}P\right)^{1-1/p}.
\end{aligned}$$

□

附录 C　不定 Itô 积分连续性的证明

证明　我们将运用不定积分 $I(\cdot)$ 是一个鞅这一事实.

存在阶梯过程 $G^n \in \mathbb{L}^2(0,T)$, 使得

$$E\left(\int_0^T (G^n - G)^2 \mathrm{d}t\right) \to 0.$$

记 $I^n(t) := \int_0^t G^n \mathrm{d}W, 0 \leqslant t \leqslant T$. 如果对于 $t_k^n \leqslant s < t_{k+1}^n$, $G^n(s) \equiv G_k^n$, 则对于 $t_k^n \leqslant t < t_{k+1}^n$, 有

$$I^n(t) = \sum_{i=0}^{k-1} G_i^n(W(t_{i+1}^n) - W(t_i^n)) + G_i^n(W(t) - W(t_k^n)).$$

因此, $I^n(\cdot)$ 有连续的样本路径 a.s., 因为布朗运动有连续的样本路径. 此外, 因为 $I^n(\cdot)$ 是鞅, 所以 $|I^n - I^m|^2$ 是一个下鞅. 由鞅不等式可知

$$\begin{aligned} P\left(\sup_{0\leqslant t\leqslant T}|I^n(t) - I^m(t)| > \varepsilon\right) &= P\left(\sup_{0\leqslant t\leqslant T}|I^n(t) - I^m(t)|^2 > \varepsilon^2\right) \\ &\leqslant \frac{1}{\varepsilon^2}E(|I^n(T) - I^m(T)|^2) \\ &= \frac{1}{\varepsilon^2}\left(\int_0^T |G^n - G^m|^2 \mathrm{d}t\right). \end{aligned}$$

选取 $\varepsilon = \frac{1}{2^k}$, 则存在 n_k 使得

$$\begin{aligned} P\left(\sup_{0\leqslant t\leqslant T}|I^n(t) - I^m(t)| > \frac{1}{2^k}\right) &\leqslant 2^{2k}E\left(\int_0^T |G^n(t) - G^m(t)|^2 \mathrm{d}t\right) \\ &\leqslant \frac{1}{k^2}, \quad \text{对于 } m, n \leqslant n_k. \end{aligned}$$

假设 $n_{k+1} \geqslant n_k \geqslant n_{k-1} \geqslant \cdots$, 且 $n_k \to \infty$, 令

$$A_k := \left\{\sup_{0\leqslant t\leqslant T}|I^{n_k}(t) - I^{n_{k+1}}(t)| > \frac{1}{2^k}\right\}.$$

则

$$P(A_k) \leqslant \frac{1}{k^2}.$$

于是根据 Borel-Cantelli 引理, $P(A_k \text{ i.o.}) = 0$. 也就是说, 对几乎所有的 ω,

$$\sup_{0\leqslant t\leqslant T}|I^{n_k}(t,\omega) - I^{n_{k+1}}(t,\omega)| \leqslant \frac{1}{2^k}, \quad \text{对于 } k \geqslant k_0(\omega).$$

因此, 在 $[0,T]$ 上对几乎所有的 ω, $I^{n_k}(\cdot,\omega)$ 一致收敛. 当在 $L^2(\Omega)$ 上对所有的 $0 \leqslant t \leqslant T$, $I^n(t) \to I(t)$, 也可以归纳在 $[0,T]$ 上对几乎所有的 ω, $J(t) = I(t)$, 因为对几乎所有的 ω, $J(\cdot,\omega)$ 是连续函数的一致极限, $J(\cdot)$ 有连续的样本路径. □

参考文献

[1] EVANS L C. An introduction to stochastic differential equations[M]. Providence: American Mathematical Society, 2013.

[2] BRÉMAUD P. An introduction to probabilistic modeling[M]. New York: Springer, 1994.

[3] CHUNG K L. Elementary probability theory with stochastic processes[M]. New York: Springer, 1979.

[4] LAMPERTI J. Probability[M]. 2nd ed. New York: John Wiley & Sons, Inc., 1996.

[5] 程士宏. 测度论与概率论基础 [M]. 北京: 北京大学出版社, 2004.

[6] 茆诗松, 程依明, 濮晓龙. 概率论与数理统计教程 [M]. 3 版. 北京: 高等教育出版社, 2019.

[7] BREIMAN L. Probability[M]. Reading: Addison-Wesley, 1968.

[8] PINSKY M. Introduction to Fourier analysis and wavelets[M]. Pacific Grove: Brooks/Cole, 2002.

[9] PALEY R, WIENER N, ZYGMUND A. Notes on random functions[J]. Math. Z., 1933, 37(1): 647-668.

[10] FRIEDMAN A. Stochastic differential equations and applications: vol. 1[M]. New York: Academic Press, 1975.

[11] FRIEDMAN A. Stochastic differential equations and applications: vol. 1[M]. New York: Academic Press, 1976.

[12] FRIEDMAN A. Stochastic differential equations and applications: Vol. 2[M]. New York: Academic Press, 1976.

[13] GIHMAN I I, SKOROHOD A V. Stochastic differential equations[M]. New York: Springer, 1972.

[14] NELSON E. Dynamical theories of Brownian motion[M]. Princeton: Princeton University Press, 1967.

[15] LAMPERTI J. A simple construction of certain diffusion processes[J]. J. Math. Kyôto, 1964, 4(1): 161-170.

[16] FREIDLIN M I, WENTZELL A D. Random perturbations of dynamical systems[M]. Heidelberg: Springer, 2012.

[17] ARNOLD L. Stochastic Differential Equations: Theory and Applications[M]. New York: Wiley, 1974.

[18] HIGHAM D J. An algorithmic introduction to numerical simulation of stochastic differential equations[J]. SIAM Review, 2001, 43(3): 525-546.

[19] BAXTER M, RENNIE A. Financial Calculus: An introduction to derivative pricing[M]. Cambridge: Cambridge University Press, 1996.

[20] SUSSMANN H J. An interpretation of stochastic differential equations as ordinary differential equations which depend on the sample point[J]. Bulletin AMS, 1977, 83(2): 296-298.

[21] SUSSMANN H J. On the gap between deterministic and stochastic ordinary differential equations [J]. Ann. Probability, 1978, 6(1): 19-41.

[22] HULL J C. Options, futures and other derivatives[M]. 4th ed. Upper Saddle River: Prentice Hall, 2000.

[23] MERMIN N D. Stirling's formulal[J]. American J. Physics, 1984, 52(4): 362-365.

[24] MCKEAN H P. Stochastic Integrals[M]. New York: Academic Press, 1969.